不推銷 更多成交

從精準開場到無悔簽單

挖掘客戶的深層渴望，摒棄高壓銷售套路，用溫度與誠意開啟成交的新紀元！

◎ 從客戶的角度考慮問題，聚焦客戶的難點和痛點
◎ 肯定和認同客戶的想法，順應客戶的人性和思路

尹淑瓊 著

反向成交，才是真正的銷售
顛覆傳統，輕鬆賣得更多，更有尊嚴！

目 錄

序言　聰明的銷售，要學會反向用力

模組一　流程篇

　　第一步　反向開場，精準鎖定理想客戶 ……………………012

　　第二步　反向推進，建立清晰的溝通預期 …………………042

　　第三步　反向挖掘，深度診斷核心痛點 ……………………062

　　第四步　反向議價，輕鬆應對價格壓力 ……………………098

　　第五步　反向決策，明確化關鍵決策標準 …………………112

　　第六步　反向呈現，用痛點凸顯產品價值 …………………127

　　第七步　反向成交，讓客戶簽單不悔 ………………………142

模組二　能力篇

　　建立信任力 ……………………………………………………150

　　提升提問力 ……………………………………………………189

　　增強識人力 ……………………………………………………228

目錄

模組三　案例篇

　　需求類實戰案例 …………………………………………………258

　　非需求類實戰案例 ………………………………………………300

參考書目

後記

序言　聰明的銷售，要學會反向用力

　　提起銷售，你腦海裡會浮現出怎樣的一種職業形象？從 1990 年代那些一天打幾百個陌生電話的銷售人員，到如今城市裡隨處可見的房產仲介、保險代理、健身卡業務員……似乎，銷售人員在很多人心裡都是一種刻板的形象：主動、熱情、健談，有時顯得有些急迫，總是圍繞著產品和成交喋喋不休。正因如此，對於很多人而言，被推銷，往往成了一種不怎麼好的感受。

　　但是，在使用者至上的今天，傳統的銷售模式，還有生存的空間嗎？傳統的銷售技術，還能獲得客戶的認同嗎？其實，事情已經在悄悄發生改變。

　　一位網友描述了他在一間厲害的直播間下單四袋稻米的心路歷程──

　　第一次，我碰巧進入直播間，主播正在賣稻米。他說：「你吃過很多菜，但是那些菜，你可能覺得沒有什麼味道，因為你每次吃飯的時候，得回答別人的問題，得迎來送往，得敬酒，這頓飯你吃得不自由。後來，你回到家裡，簡單的番茄炒雞蛋、麻婆豆腐、馬鈴薯絲，讓你覺得真香，吃得很舒服。」

　　我對主播說的話很有共鳴，於是我買了第一袋稻米。

　　第二次，我進入直播間，那位主播還在賣稻米。這次，他說：「我想給你天空大海，我想給你大江大河，我想把好的東西慷慨地給你。」

　　我覺得主播的話很暖心，於是我買了第二袋稻米。

序言　聰明的銷售，要學會反向用力

　　第三次，我進入直播間，主播依舊在賣稻米。他說：「我沒有帶你去看過長白山皚皚的白雪，我沒有帶你去感受過十月田間吹過的風，我沒有帶你去看過沉甸甸彎下腰、猶如智者一般的穀穗，我沒有帶你去見證過這一切，但是親愛的，我可以讓你品嘗到這樣的稻米。」

　　於是，我鬼使神差又下單了一袋稻米。

　　第四次，我進入直播間，主播說：「以前我做老師的時候，我會穿白T恤或者西服外套講課，這樣孩子們會覺得我很重視這節課。即使現在其實我大腦不轉很久了，但是我開播之前還是做了30個伏地挺身。大家不要讓我坐著，因為我願意站在這裡，讓你們知道我在意你們。」

　　也許是被這種對於職業的敬畏和熱愛打動了，我買了第四袋稻米。

　　這位網友或許原本並沒有買稻米的需求。這位主播也並沒有一直誇讚自家的稻米有多麼好吃、價格有多麼便宜。但是很多人和這位網友一樣鬼使神差地下了單。他們買完稻米才發現，其實，這就是銷售。但這是一種更高級的銷售，是一種更有尊嚴的銷售。

　　優秀主播的才華，是很多人複製不了的。單純從銷售的角度而言，這樣屢屢創下銷量神話的銷售模式，有沒有什麼值得我們借鑑的地方呢？

　　其實，厲害的直播間和一些普通賣貨直播間，存在以下三大區別：

1. 獨特的溝通節奏

　　在很多直播間裡，主播聒噪喧鬧，用高密度語言猛烈輸出，試圖透過營造一種無縫式轟炸氛圍，霸占人們的視聽通道，進而拉高人們在直播間的停留時長。但是厲害的直播間主播，從容優雅、不疾不徐，讓人們忍不住為這樣一種清新的氛圍停下滑動的手指。

2. 獨特的賣貨話術

很多直播間的主播總是在拚命慫恿大家下單，不斷重複那些洗腦式的下單指令，諸如「買它！買它！免運費！」、「買到就是賺到！」但是厲害的直播間主播，總在勸大家「理性下單，吃完再買，覺得太貴就不要買」、「進了直播間不一定非要買東西，聽我們聊聊天也是可以的」。

3. 獨特的價值輸出

很多的直播間，主播除了賣貨還是賣貨，或者一直稱讚產品，或者把產品價格降到「跳樓價」，抑或給予各種贈品、各種承諾，時間一長，讓人心生疲憊和反感。但是厲害直播間的這位主播，將那些與產品相關的英文單字、與產品相關的詩詞歌賦、與產品相關的歷史典故娓娓道來，讓人聽完之後獲得一份美的享受，並願意為這份感受買單。

上述兩種完全不同的直播帶貨形態，帶給我們這些從事專業銷售的人怎樣的啟發呢？

大家有沒有發現，傳統的銷售模式，與那些聒噪的「洗腦式直播間」，有著許多共同之處：壓迫感、推銷感和成交感過強，簡單來說，就是充滿了逼迫。

也許一些人會認為，如果不逼迫，客戶怎麼可能主動成交呢？其實，這是一種極大的誤解。

因為，逼迫只是表象，成交的核心，是理解客戶的需求、直擊客戶的痛點。

如果你深度挖掘到了客戶的痛點，即便你不逼迫，也能成交。但是如果你沒有挖掘到客戶的痛點，即便你逼迫，也無法成交。這就像面對一個飢腸轆轆的人，你向他推銷一種食物，大概是不需要逼迫的。但是

序言　聰明的銷售，要學會反向用力

如果，面對一個完全不餓的人，你向他推銷滿漢全席，即便打五折、有贈品、限購又限時，也未必能賣得出去吧！

逼迫客人下單，是那些沒有能力挖掘到客戶痛點的銷售人員的權宜之計。因為他覺得再不逼迫，機會就徹底消失了。

你可能會問，為什麼有的時候，銷售人員似乎並沒有找到客戶的痛點，逼迫客人下單的方式依然發揮作用了呢？

有兩種原因。第一種是，客戶本來就要買，只是銷售人員自己不知道這個情況。此時，銷售人員是否逼迫，都能成交。第二種是，客戶在一種威逼利誘的感性氛圍中衝動下了單。但是這樣的成交風險很大。一旦客戶恢復理性，銷售人員就有可能面臨客戶反悔和退單的問題。所以，靠逼迫簽回來的訂單，很多時候也是要「還回去」的。

如果你只重視一時的成交率，或許你依然可以換著花樣地使用這種方法，但是如果你同樣重視退單率，那麼你就真的要慎重抉擇了。

那如果不逼迫，我們又該怎麼做呢？

反向用力，賣得更多，更有尊嚴。

聰明的銷售，要學會反向用力。

比如，你跟客戶介紹產品時這樣說：「我們的產品效果特別好，很多客戶都非常喜歡，我相信您也一定會喜歡的。」

此時，客戶內心的想法會是什麼？他或許會認同，但是或許也會產生一種不爽的感覺和反抗心理：「你怎麼知道我會喜歡？很多人都喜歡，我就必須也喜歡嗎？」

而如果你這樣說：

「雖然我們的很多客戶對這款產品的回饋還不錯，但是我確實不太了

解您的實際情況，也的確不敢保證它就一定百分之百適合您。」

聽聽看，這樣的話讓人有什麼感覺？是不是說出客戶的心理話，讓客戶有一種「無法反駁」的感覺？

再如，客戶有些猶豫，你馬上說：「您選我們一定沒錯的，您完全不需要有任何猶豫，放心下單就對了。我們這麼大一家公司，難道還會騙您？」

如果你是客戶，你會有什麼感覺？是不是似乎更加不放心了？雖然一時半會兒也說不清楚到底是為什麼。

但是，如果你這樣說：

「我發現您還有一些顧慮，其實有顧慮是正常的，您有任何問題都可以直接問我。如果我們能解決，我會盡量幫您解決。如果我們不能解決，我也會非常坦誠地告訴您，絕對不會給您任何壓力，也不會浪費您的時間。所以，您願意跟我說說您的想法嗎？」

在客戶猶豫不決時，你不進反退，給客戶拒絕的機會，給客戶退縮的空間。這樣一說，客戶會怎樣？要麼直接說出他的顧慮，這樣就給了你解決問題的機會，無論最終能不能成交，雙方都沒有遺憾；要麼因為你的這份坦誠，他打消掉內心的擔憂，達至成交。

以上就是反向用力這個理念的兩個簡單運用話術。雖然很簡單，但是相信你應該已經依稀感受到它的威力了。

其實，成交沒那麼複雜，你只需要做跟傳統銷售相反的事情就可以了。

但是成交也沒那麼簡單，因為，反向用力是一門藝術，分寸的拿捏和時機的把握，需要你用心錘鍊。

| 序言　聰明的銷售，要學會反向用力

而我們這本書，基於對客戶心理的深刻洞察，提煉出了顛覆傳統銷售模式的「反向成交」7 步銷售法——

第一步：反向開場，辨識精準客戶

第二步：反向推進，建立溝通預期

第三步：反向挖掘，深入診斷痛點

第四步：反向議價，輕鬆化解壓價

第五步：反向決策，明確決策標準

第六步：反向呈現，用痛點塑造產品

第七步：反向成交，讓客戶無悔簽單

這套方法，創造性地打破了傳統銷售「自嗨、高壓」的銷售模式，建立了一套高度人性化、以退為進的銷售模式，在輕鬆愉悅的氛圍中，反向推動客戶去成交。這樣的成交，精準卻沒有壓迫，高效又不失體面，賣得更多卻更有尊嚴。

你，準備好入場體驗了嗎？

模組一
流程篇

模組一　流程篇

第一步
反向開場，精準鎖定理想客戶

見客戶的第一眼，

與客戶說的第一句話，

跟客戶的第一次接觸，

到底是什麼留住了客戶的腳步？

你，討人喜歡；

你的產品，令他好奇。

01　留住客戶：避免強勢推銷，學會進退有度

推銷產品的同時，請一併推銷「你自己」。

路邊，一位拿著傳單的銷售人員叫住了一位女士，對她說：

「小姐，您好，想要健身嗎？我們公司現在推出了一款價格非常優惠的健身卡，一年××元，不限次數，健身游泳隨便玩，還有很多課程可以學習，非常划算，這是宣傳單，您可以看一下。」

另一位銷售人員同樣叫住了一位女士，對她說：

「小姐，您好，我知道這樣貿然打擾您實在是太沒禮貌了。但是如果您不是特別趕時間的話，是否願意了解一下我們今年最大的健身優惠活動？如果您聽完不感興趣的話可以隨時離開。」

如果你是客戶，哪種說法讓你更願意停下腳步？我猜大部分人會傾向於第二種，除非他本身已有比較明確的健身需求。當然如果是這種已

有需求的客戶，那銷售人員的說法對客戶的影響力其實比較有限，因為客戶本身就有一定的興趣。在這裡，我們主要針對的是一些中立的潛在客戶，或者需求不甚明確的客戶。

那第一種說法和第二種說法的區別是什麼呢？

第一種，讓人感覺這就是人們心中典型的「銷售人員」的形象——幾乎沒有過渡，單刀直入，直接開始介紹產品，極盡推銷之能事。即便他說得很吸引人，也難免會讓你本能地產生一種拒絕的衝動，因為你不想被他「纏住」。如果他的語速比較快，可能還會讓你有一種窒息感，想要趕緊逃離。

但是第二種，銷售人員禮貌、克制，一開口就為自己的打擾行為而道歉，贏得第一波好感。關於產品的介紹沒有聒噪與資訊超載，贏得第二波好感。最後，為了抵消疑似推銷帶來的壓迫感，告訴客戶不感興趣可以離開，這就在暗示客戶，不是非得喜歡、非得認同、非得成交，卸掉客戶的壓力，贏得第三波好感。當然，這些感覺是交織在一起瞬間形成的。結果就是，客戶本能地停住腳步，想聽這個銷售人員接下來會說些什麼。

我們從更深的層次來探討一下，為什麼第二種說法比第一種說法更能留住客戶呢？

因為第一種說法只傳遞了「產品」的價值，而第二種說法同時傳遞了「人」和「產品」的價值。

本質上，吸引客戶的核心特質有兩種，一種是人的特質，比如踏實可靠討人喜歡；另一種是產品的特質，比如多快好省經久耐用。第一種說法，只涉及一種特質，就是產品的特質。如果產品的特質恰好很吸引人，那就能成功，但是如果產品的特質沒能瞬間抓住客戶，便回天乏

術。而第二種說法，同時涉及人的特質和產品的特質，話術的頭尾關注的是人的感受，中間鋪陳產品的特性，這就分散了風險，即，兩種特質都失效，才會失敗，但凡有一種特質吸引了客戶，就能成功。

其實，如果你的產品足夠獨特、稀缺，只用產品的特質去吸引客戶是完全沒有問題的。事實上，在20年前，甚至10年前，以產品為主的銷售模式都是主流模式，也獲得過非常好的成果。

但是，今天的市場跟過去的市場已經完全不一樣了。過去的市場是賣方市場，產品比較匱乏，宣傳手段也非常有限，客戶沒有太多選擇，只要有一款產品能夠來到客戶眼前，就很容易引發關注和搶購潮，客戶甚至來不及去分辨這個產品是否真如賣家宣傳得那樣好，更不會去挑剔賣家信譽好不好、態度好不好。

但是今天，我們已經進入徹底的買方市場，產品過剩，客戶購買任何一類產品都有無數選擇。而且，進入行動網路時代，人們獲取資訊的成本極低，任何一種看起來獨特、優質、便宜的產品，在網上一找都能找到大量同類品。因此，單單以產品去吸引客戶，就顯得乏力了很多，客戶對那些誇誇其談的宣傳廣告也呈現出了一種疲態，甚至免疫反應。

而與產品力慢慢削弱的態勢相反，客戶對自己的購物感受卻越來越重視，比如在整個溝通的過程中是不是足夠舒服、被尊重，是不是有足夠的自主權，尤其是在需要一對一溝通的高價值單品的銷售過程中，這些軟性指標甚至左右了客戶的購買決策。這意味著人的特質變得越來越重要。

當然，人和產品不是割裂的，而是你中有我、我中有你的關係，銷售人員傳遞產品的特質的過程就是塑造自己人設的過程。而反向成交這套銷售流程之所以這麼管用，就是因為它從頭到尾的每一步、每一個方

法技巧，都把人和產品有效地結合：注重人的真實感受，挖掘人的真實需求，尊重人的真實態度。所以，看到後面你會發現，用這套銷售方法，客戶通常更願意配合，因為你尊重他，或許也是他尊重你的開始。

回到本節開頭的案例，這樣的話術到底是怎麼形成的呢？它能不能被複製到其他的各種銷售場景中呢？當然是可以的。接下來我們就具體解析一下，反向成交的第一步──「反向開場，辨識精準客戶」的操作要點。

這一步涉及四個要點：柔化鋪陳、迷你誘餌、解除成交、30秒廣告。

前三個要點的主要任務是獲得一個溝通機會，30秒廣告的主要任務是吸引客戶。這一節先講前三個要點，30秒廣告會放在本章第二節再具體介紹。

要點一：柔化鋪陳。

但凡一個銷售人員主動去接觸客戶，本質上都類似一種「打擾」客戶的行為，客戶多多少少會有一點抗拒。但是如果銷售人員能夠主動把這種感覺如實表達出來，客戶「被打擾」的感覺就會迅速減弱，這就為銷售人員塑造了一個好形象，也為溝通打開了一個好的開頭。

要點二：迷你誘餌。

誘餌很好理解，就是吸引客戶的東西。但是為什麼要迷你呢？這是為了與一些銷售人員的「長篇大論、滔滔不絕」相區別。有些銷售人員不管三七二十一，一上來就火力全開資訊轟炸，這樣會讓客戶因資訊超載而產生煩躁的情緒，甚至會抗拒這些資訊進入大腦。而如果銷售人員從這些資訊中提煉出一個或兩個強而有力的關鍵點，清晰明確地表達出來，客戶入耳入心了，溝通效果就達到了。這裡的核心不是銷售人員傳遞了多少資訊，而是客戶接收了多少資訊，因此，誘餌既要極具力量，又要極致精簡。

> 模組一　流程篇

要點三：解除成交。

當你以銷售人員的身分出現在客戶面前時，客戶會本能地擔心你強行推銷，即便對你的資訊有了一點興趣，也難以下定決心停下來跟你交流。但是如果你能敏銳地捕捉到這個心理，主動解除成交，也就是告訴客戶，他不感興趣可以隨時離開，客戶的擔心一下子就被化解了，瞬間輕鬆了，這樣，客戶就更容易給你一個機會。

要點一和要點三是人的價值傳遞，要點二是產品的價值傳遞。在推送產品價值的同時，用人的撤退巧妙弱化推銷感、壓迫感以及成交感，最終用反向的力量推動客戶做出一個肯定的決定。

接下來，我們看看這種開場方式在其他銷售場景中的應用。

場景1：簡訊試探

我自己也經常收到簡訊上的推銷資訊。比如一位辦理貸款業務的銷售人員是這樣傳訊息給我的：

「您好，請問您最近有貸款方面的需求嗎？我們公司現在推出了一款年化利率低至××%的產品，信用貸、車抵貸、房抵貸10萬至1,000萬元，無手續費、隨借隨還、最快當天到帳，有需求可以隨時聯繫我。」

這樣的訊息就是一條直白的產品推銷資訊，完全沒有體現出人的價值。如果客戶不感興趣則會直接忽略，如果客戶感興趣，則會傾向於用這些資訊去多家對比，因為你這個銷售人員沒有跟客戶產生絲毫情感連結，做這項業務的又不止你一人，即便客戶有需求，他也未必會找你。

如果我們修改一下這段話，這樣說：

「（柔化鋪陳）×× 朋友，您好，我知道我們平時幾乎沒有互動，今天傳訊息給您實在是唐突了。

（迷你誘餌）是這樣的，我們公司正在做一個關於貸款的活動，非常優惠，我不確定您最近有沒有資金周轉的需求，所以傳訊息問您一下。

（解除成交）如果您有興趣，可以簡單回覆我一下，我傳資料給您看看，有什麼不清楚的也可以問我。但是如果您不感興趣，那就抱歉打擾了，祝您生活愉快。」

這樣的說法是不是比前面那個說法更有溫度、更讓人願意回覆？

當然，如果你跟客戶之間是有一定熟悉度的，那麼你開頭的柔化鋪陳就需要換一個更合適的說法。同時，我個人不建議群發訊息。發訊息一定要有稱謂，否則，發了也是白發。

場景 2：社交帳號試探

我曾經在我的社交帳號上收到這樣的一條訊息：

「您好，請問您有提高知名度的想法嗎？我們××智庫現在正在尋找一批在各個領域都非常有實力的專家加盟。加盟後，您的名字和簡介會出現在我們的會刊上，會有專屬的證書，有機會免費參加各種論壇，也會獲得優先排課的機會，如果您想進一步了解，可以傳訊息給我。」

我們完善一下這段話術，如下：

「（柔化鋪陳）××部落客，您好。我看到您發的關於××的影片，真的非常喜歡，我也因此學到了不少東西，感謝！

（迷你誘餌）我是××智庫的員工，我們現在正在全國範圍內尋找一批在各個領域都非常有實力的專家加盟，我覺得您就是我們想要尋找的對象。但是我不確定您會不會有興趣，所以傳訊息問您一下。

（解除成交）如果您有興趣，可以傳訊息給我。但是如果您不感興趣，那就抱歉打擾了。」

> 這裡提示一下，因為部落客的社交帳號的內容是公開的，如果能夠結合這些內容來拉近距離，會比單純的陌生試探取得更好的效果。

場景 3：電話試探

在這樣一個客戶對陌生電話越來越防備，同時陌生電話也被大量攔截的時代，我個人是不太建議純粹用一批只有號碼的名單去打電話的。但是如果你確實拿到了一份品質很高的名單，上面有客戶更多的個人資訊，包括姓名、職業、職位等，你就可以嘗試一下。

我相信每個人都有接聽陌生推銷電話的經驗，我就曾經接到這樣的陌生電話：

「老闆您好，我是××公司的小王。不知道您是否有企業簡訊方面的需求？我們公司現在正好推出了企業簡訊特惠服務方案，可以在後臺隨時檢視員工與客戶的聊天記錄，可以根據員工與客戶的聊天內容自動為客戶標上標籤，員工離職也可以做好客戶跟進工作的交接，同時我們還可以幫您做網路行銷整體架構的搭建，您有興趣了解一下嗎？」

我們稍稍修改一下這段話術，這樣說：

「（柔化鋪陳）張總，您好，我是××公司的小王。坦白說您並不認識我，今天打電話給您實在是有點唐突。但是我知道您剛剛成立了新公司，事業迎來了全新的發展，真的可喜可賀。

（迷你誘餌）其實今天打電話給您主要是因為，我們也非常了解企業老闆經營一家公司的不容易，客戶資訊、員工資訊都需要管理，如果有企業簡訊就會方便很多。

（解除成交）我的想法是，如果您對企業簡訊有興趣，那我接下來就花 30 秒的時間跟您簡單說明一下，它可以幫您解決哪些問題。然後由您

來決定，我們要不要接著往下聊，您看可以嗎？」

這段話的亮點有三個：

第一，柔化鋪陳時，透過稱呼「姓氏」營造了熟悉感，再透過道歉降低了客戶的對抗感，最後又利用手上僅有的一點客戶資訊跟客戶拉近了距離。

第二，約定溝通時間30秒，這就把客戶拒絕的機率降到了最低。如果還是遭到拒絕，那就幾乎可以肯定，客戶對企業簡訊是真的不感興趣，不必再浪費時間溝通。

第三，明確告知客戶，「由您來決定，我們要不要接著往下聊」，潛臺詞是「滿不滿意，您來決定；喜不喜歡，您來決定；要不要聊，您來決定」，不要去積極推動，而是反向用力，把主動權交到客戶手裡，這樣就很好地解除了成交感，讓客戶更願意進行接下來的溝通。

其實這段話的表達也適用於線下的陌生拜訪，唯一的區別是約定的時間可以更長一些，可以約定1分鐘。為什麼會有時間上的差別呢？

約定的時長是根據對客戶心理接受度的預估而調整的。

試想一下，如果是電話，又是陌生人，可能約1分鐘就覺得長了，約30秒被拒絕的機率就會低一些。但是，如果是線下見面，即便是陌生人，心理接受度也會高一些。熟人見面就更高一些。所以，不是每次約定的時間都是固定的，我們完全可以根據場景，以及跟對方的熟悉度來靈活掌握。但是無論約定多久，都不影響接下來要說的30秒廣告的內容，改變的只是雙方互動的時間。

場景4：熟人拜訪

面對熟人做銷售，對於大多數人而言其實是更難開口的，總覺得難為情，更怕因為銷售不成影響了彼此的關係。我知道有些人在拜訪熟人

時，最容易陷入兩難的境地：要麼一直找不到切入話題的時機，導致開聊了2個小時對方都要走了還沒進入正題；要麼就是一見面切入話題太猛導致雙方交流很尷尬。其實這個時候，我們就可以用解除成交來自然地進入正題。

在簡單寒暄之後，我們可以這樣說：

「（柔化鋪陳）其實今天我來拜訪您，還真是有一件事想和您交流一下。

（迷你誘餌）不過事先宣告哦，我絕對不是來賣東西的，這一點您千萬別誤會。只是因為之前我也接觸過一些和您類似的客戶，他們對××挺有興趣的，所以我就冒著被您誤會的風險來問一下，看看您有沒有這個需求。

（解除成交）您看這樣可以嗎？不然我們先聊個三五分鐘，我簡單跟您說一下，這個東西是什麼，能幫您解決什麼問題。如果您覺得有興趣，我們就接著往下聊，如果您覺得沒興趣，就直說，別不好意思，我們就結束話題。您看可以嗎？」

這樣一個開場白，既可以讓你正常地跟對方展開對話，也可以讓對方正常地聽你說話了。

場景5：接受諮詢

如果是客戶主動諮詢，無論是電話諮詢、訊息諮詢、社交帳號諮詢、上門諮詢，基本上都不需要上述的說法了，只需要簡單詢問幾個客戶容易回答的小問題，就可以直接進入後面的30秒廣告了。

02　吸引客戶：不談產品優勢，要描繪挑戰場景

特點優勢是你想說的，挑戰場景才是客戶想聽的。

一家服裝公司推出了一款真絲長裙，本以為會成為當季熱銷，但是銷售 3 個月，業績表現卻一般。於是，銷售經理親自來到店裡，想看看銷售人員到底是怎麼銷售的。

他發現，銷售人員工作都很賣力，每來了一位客戶，他們都會拚命跟客戶講解這款真絲長裙的特點優勢。

比如，銷售人員講到布料抗皺，會說這是「頂尖工藝」；講到無袖設計，會說這是「獲獎作品」；講到 V 領設計，會說這是創始人的「品牌信仰」；講到裙子顏色，會說這是今年夏天巴黎時裝週的「經典色系」。

發現問題之後，銷售經理親自上場做起了示範。

講到布料抗皺，他會說：「我們這款裙子特別抗皺，即便您連續工作 2 個小時站起來，依然一點褶皺都沒有，就像剛剛熨燙過一樣。」

講到無袖設計，他會說：「這樣的設計可以一裙兩穿，當您配上一件西裝外套，就是職場 Lady，職業又不失魅力；當您脫下外套，就是派對女王，性感又不失矜持。」

講到 V 領設計，他會說：「如果您配上一條細細的鎖骨鏈，走在大街上回頭率肯定是百分之百，男朋友看了絕對會吃醋。」

講到裙子顏色，他會說：「這個果綠色，讓人一看到就覺得很涼爽，再熱的地方，您一出現，立刻清涼了好幾度。」

用這樣的銷售方式，一個星期下來，銷量果然翻倍。

銷售人員和銷售經理的兩種銷售方式，到底有什麼不同？

最大的不同就是，前者說的是特點優勢，後者說的是挑戰場景。

什麼是挑戰場景？

簡單來說，就是讓客戶感到「不舒服、不愉悅、不方便」的場景。

布料抗皺，挑戰場景是：連續工作2小時站起來時怕尷尬；無袖設計，挑戰場景是：工作或聚會需要來回換衣服很不方便；V領設計，挑戰場景是：公眾場合想成為焦點的小心思或者想讓男友更寵愛自己的小情趣。裙子顏色，挑戰場景是：想成為人群中獨特存在的小心思。

大家有沒有發現，特點優勢是賣家角度的，是賣家想說的，很難讓客戶產生共鳴。而挑戰場景是買家角度的，是客戶真正在乎的，聽完之後會產生滿滿的畫面感和代入感。

很多銷售人員可能會本能地以為，如果客戶對我們的產品表現出一點興趣，那我們下一步難道不是應該大力渲染產品的特點優勢嗎？

其實，這種想法是錯誤的。因為，客戶永遠不會真正對你的產品感興趣，他感興趣的永遠是他自己，他關注的是他自己的問題要如何解決、他自己的目標要如何達成。

這就像，如果客戶要從一個地方到另一個地方，他對具體乘坐什麼樣的交通工具，永遠不是真的感興趣，他感興趣的只是這種交通工具能否滿足他的訴求。如果他追求安全，他一定會選擇最安全的交通工具。如果他追求速度，他一定會選擇速度最快的交通工具。如果他想欣賞沿途的美景，他考量最多的一定是路線安排，美是標準，那麼你所宣傳的安全、速度，可能就不是他最重要的考量因素，你越渲染、越強調，你被淘汰出局的可能性就越大。

所以，除非你能夠把你的產品和客戶的某個具體問題或者某個具體

目標緊扣在一起，否則，你的產品再好、再厲害、再優秀，客戶也只會旁觀，不會入戲。

因此，如果你想在開場的短短幾分鐘內，牢牢吸引住客戶的注意力，那麼你最有力的表達，就是對客戶挑戰場景的挖掘和呈現，這個內容，就叫「30秒廣告」。

接下來我們就從四個方面，包括「基本特徵」、「話術範例」、「創作步驟」、「實作要點」來詳細解析30秒廣告的具體用法。

（一）30秒廣告基本特徵

具體來說，一條合格的30秒廣告需要具備如下四大特徵。

1. 是具體的，而非抽象的

比如，你是賣課程的，你說：「我們這套課程能夠幫助您的團隊提升業績」，就不如說：「我們這套課程，在未來的3個月之內，能夠幫助您的團隊至少提升30%的銷售業績」，這就叫具體。

再如，你是賣健身教練服務的，你說：「我們的可以幫助您達成減肥的目標」，就不如說：「我們的服務，可以在1個月的時間內，幫助您減肥××公斤」，這就叫具體。

2. 是場景的，而非概念的

比如，你是賣裙子的，你說：「我們的裙子布料特別挺」，不如說：「當您吃完飯站起來時，圓圓的小肚子會被它完美遮住，完全看不見」，這就叫場景。

再如，你是賣房子的，你說：「我們房子的陽臺特別大，特別寬敞」，不如說：「您可以把陽臺布置成一個小花園，這裡放幾盆花，那裡放綠色

植物，這裡搭個棚子，那裡放把竹椅。想像一下，夕陽西下的時候，陽光從這邊照過來，您一邊喝著紅酒，一邊看著夕陽，多美啊。」這就叫場景。

3. 是痛苦的，而非快樂的

比如，你是賣工業設備的，你說：「我們這套設備效能非常好，用起來特別安全」，就不如說：「我們這套設備能夠幫助您降低××%的事故率」。你說安全，客戶不一定有感覺，但是你說事故，這是他不想要的，是痛苦的，他立刻就有感覺了。

再如，你是賣保險的，你告訴客戶：「買保險，要這樣買……」沒幾個人會認真聽。但是你說：「買保險，有幾個陷阱一定要注意，不然肯定後悔」，「陷阱」是令對方感到痛苦的，對方一定會豎起耳朵聽。

人們對痛苦的感知是遠遠強於快樂的，同樣的功能、效果，你找到一個痛苦的場景，比找到一個快樂的場景，要有效得多。

4. 是客戶角度的，而非產品角度的

很多銷售人員會有一種本能的表達，如「我推薦一款產品給您」、「我介紹一項服務給您」。推薦產品、介紹服務，乍一聽好像沒什麼問題，但是在客戶的潛意識中，他會覺得，這個東西跟他沒什麼關係，是銷售人員硬塞給他的，彷彿產品是主角，客戶自己成了配角。即便銷售人員後面可能也會講到這個產品帶給客戶的利益，但是因為立場已經形成了，所以，影響力有限。

但是，如果你這樣說：「我們的很多客戶之所以會喜歡這個產品，是因為……」、「我們的很多客戶之所以會對這項服務感興趣，是因為……」這樣就從產品角度轉變為了客戶角度，客戶就會覺得很有代入

感，覺得這個產品、這項服務是跟他有關的、是來解決他的問題的，覺得他成了主角，而產品是配角。表面上看，你說的內容好像差不多，但是角度一變、立場一變，客戶的感受就完全不一樣了。

（二）30秒廣告話術範例

案例1：培訓諮詢行業

有些賣課程的銷售人員，在開場之後是這樣說的：

「我今天打電話給您，主要是想為您推薦一套非常棒的銷售課程。

這套課程可以為您的團隊提供一套行之有效的客戶開發策略，可以實現高效率客戶開發。

同時，它可以提供一套高情商的溝通邏輯，幫助團隊成員在跟客戶溝通的時候，讓客戶感覺更加舒服。

更重要的是，它還可以提供一套科學嚴謹的銷售流程，幫助夥伴們在銷售的時候更有掌控感。

您想不想具體了解一下？」

一位對類似課程有需求的企業老闆，聽完這段話，會有什麼感覺？

如果這位老闆正好非常需要一門銷售課程，同時他能接觸到的也只有這一家培訓公司，完全沒有其他選擇，那麼這套說辭或許是管用的，甚至說得再差也沒問題。

但是，在如今的市場中，競爭非常激烈，別說是在任何一個領域了，就算是在任何一個小地方，都存在無數競爭對手。客戶想找一門課程，只要到網上一找，瞬間就會出現幾十甚至上百個結果。每一家都有類似的宣傳語，都標榜著自己的好。到底選哪個、到底哪個才是最適合

自己的，這是令客戶非常頭痛的問題。

那麼上面那段話具體的問題究竟在哪裡呢？我們可以用 30 秒廣告的四個特徵，來分析一下。

第一個特徵：是具體的，而非抽象的。它剛好相反，不具體，很抽象；第二個特徵：是場景的，而非概念的。它也剛好相反，沒有場景，全是概念。

第三個特徵：是痛苦的，而非快樂的。它正好相反，只描述正面，沒有描述負面。

第四個特徵：是客戶角度的，而非產品角度的。它的表述角度正好是，「產品可以怎樣」，而非「客戶想要怎樣」。

這樣分析有些抽象，我們再來做個對比，進一步說明一下。

請注意，對比的基準是案例中的客戶開發策略、溝通邏輯、銷售流程。我們換一種表達方式，這樣說：

「根據我們的經驗，很多客戶之所以會對我們的課程感興趣，主要是因為他們的團隊普遍存在如下的一些問題──

第一，客戶開發成功率太低，明明手上有一堆好名單，但是打電話時卻總被客戶秒掛電話。所以他們希望有一套行之有效的客戶開發策略；

第二，員工的溝通方式比較生硬，經常因為說錯話而得罪客戶。所以他們希望有一套基於客戶心理的高情商的溝通邏輯；

第三，銷售過程太被動，客戶總有無數的考慮、商量、不理睬，員工不知道如何應對。所以他們希望有一套科學嚴謹的銷售流程，可以提高成交效率。

當然，每個團隊的情況不太一樣，我不確定您這邊是否也面臨一些

類似的問題呢？」

這段話，和前面的那段話，區別在哪裡呢？最核心的區別，就是這段話找到了挑戰場景。

比如，「打電話時總被客戶秒掛電話」、「經常因為說錯話而得罪客戶」、「無數的考慮、商量、不理睬」，是不是比一堆單純的概念，更具體、更令人痛苦、更有畫面感呢？而且，在說每一條具體內容時，我們說的是「客戶想要」，而不是「我們提供」。說「客戶想要」，會形成一種心理暗示，讓當下的客戶覺得自己也想要。但是說「我們提供」，就會跟客戶產生距離感，缺少了一分情感連結。這些區別，如果很理性地分析，反而有點抽象，不太直觀，但是只要你代入客戶的視角，閉上眼去感覺一下，你瞬間就能感受到。

案例2：幼兒鋼琴教育行業

假如你是做幼兒鋼琴培訓的，你要把一個線上陪練課程賣給客戶，如果你這樣說：

「今天打電話給您，主要是想為您推薦一款我們的線上陪練課程。

我們這個課程，會透過設計一些有趣的互動環節，讓孩子對學琴保持足夠的熱情。

同時，因為是線上課程，所以不出門就可以學習，可以大大節省精力和時間。

另外，我們的老師非常專業，可以在孩子彈錯的時候實時指導，讓孩子學琴的效果更好。

您想不想具體了解一下？」

這段話，大家聽完之後有什麼感覺？

模組一　流程篇

這段話確實說到了三個客戶關心的問題：學習的熱情、學習的效率和學習的效果，但是衝擊力不夠，同行都在這麼說，差別不大。問題還是出在：不具體、沒場景、不痛苦、產品角度，或者說，即便涉及了，也不夠到位。

如果換一種說法：

「根據我們跟客戶打交道的經驗，如果家長有興趣來了解我們的線上陪練課程，大概會是基於這麼幾個原因——

第一，孩子經常三分鐘熱度，練了一段時間之後，熱情就開始下降了，甚至開始牴觸、厭學，家長不知道該怎麼引導。

第二，如果是線下課程，課程時間加上交通時間，就要用掉一個下午或一個晚上，效率很低，還讓孩子很疲勞，接送的家長也很疲勞；

第三，家長即便陪伴孩子練琴，但是苦於自己不懂專業，發現孩子彈錯了，也不知道該怎麼教。時間是花了，卻沒有發揮什麼實質性的作用。

我不確定，您想要了解我們的線上陪練課程，主要是基於哪方面的考量呢？」

前後兩個版本，說到的重點是一樣的，但是顯然後者更能打動客戶。

案例3：裝修行業

如果你是做裝修的，你這樣說：

「今天打電話給您，主要是了解到您剛剛買了新房，我猜測您應該會想要裝修，所以就冒昧的打個電話給您，推薦一下我們的裝修服務。

我們在裝修行業已經做了將近10年了，非常專業，可以為客戶完成高效率的服務。

第一步　反向開場，精準鎖定理想客戶

另外，我們選用的裝修材料都是良心廠家出品的，不僅安全、品質好，而且價格實惠。

同時，我們也擁有一支非常優秀的設計師團隊，可以設計出真正令您滿意的家居效果。

您有沒有興趣具體了解一下？」

這段話其實也說到了三個點：高效服務、良心材質、卓越設計，但是很顯然，雖然說的全是好話，卻只適合做報告，無法打動消費者。

而如果你這樣說：

「根據我們跟客戶打交道的經驗，如果客戶想要自己裝修房子，或多或少都會遇到如下的一些煩惱——

第一，裝修是一個很專業的領域，涉及各方面的知識，如果純粹自己摸索，可能會牽扯大量的時間和精力，甚至會導致大半年的時間都耗在這一件事情上，工作和生活都會受到嚴重干擾。

第二，即便花了大量的時間去對比研究，但是由於自己是門外漢，依然避免不了遇到很多問題，不是高價買到了瑕疵品，就是低價買到了假貨，反反覆覆為一件小事來回折磨，心太累。

第三，即便東西都買齊了，但是因為缺乏審美的專業性，自己布置的家居單看還可以，但是放到一起卻完全不和諧、不搭，換掉重買浪費錢，不換又覺得不舒服，真是進退兩難。

我不確定，目前您在裝修房子方面，是否也有類似的一些考量呢？」

把客戶的挑戰場景生活化地呈現出來，客戶是不是瞬間有一種被「震懾」住的感覺？

下面，我們就來一起學習這樣具有吸引力的 30 秒廣告的創作過程。

模組一　流程篇

（三）30 秒廣告創作步驟

1. 提煉產品的核心賣點

賣點的意思是，你的產品到底能夠幫助客戶實現什麼價值、達成什麼效果、獲得什麼利益。

2. 反推挑戰場景

關於這一步，你可以問自己這麼幾個問題：

如果沒有這個效果，客戶難在哪？

如果沒有這個功能，客戶痛在哪？

如果沒有這個好處，客戶不方便在哪？客戶卡在哪？客戶煩惱在哪？

你不斷地問自己，就會慢慢找到答案。

3. 按照下面的結構，形成話術

（開頭）通常對我們這款產品感興趣的朋友，都會遇到如下的一些問題。

（要點）挑戰場景 1，具體訴求 1。

挑戰場景 2，具體訴求 2。

挑戰場景 3，具體訴求 3。

（結尾）我不確定您這邊是否也面臨類似的一些挑戰呢？

當然，這個話術結構是提供給初學者的，如果你是一名有一定經驗的銷售人員，就可以不拘泥於這種形式，打造你自己的風格。

(四) 30 秒廣告實作要點

1. 挑戰場景數量，以三個為宜

三個既不多也不少，足夠說明問題，而且基本可以在 30 秒至 1 分鐘的時間內表述完成。

2. 挑戰場景一定是高頻的且具有明顯痛感的

高頻是指這個情況不是偶發的，而是經常發生。如果是偶發的，忍一忍也就過去了。如果經常發生，造成客戶極大的困擾，客戶才有解決的動力。

3. 同個產品可以有多個版本的 30 秒廣告，因人群而異

比如，同樣是購買銷售課程，政府單位、大公司、創業型公司、小型私營公司，需求的點就完全不一樣，挑戰場景也不一樣。這就需要我們按照客戶的類型，分別提煉設計。

再如，同樣是購買保險，年輕人和中年人、結了婚的和沒結婚的、有小孩的和沒小孩的，他們的訴求和關注點肯定不一樣，需要你根據不同客戶群來分別設計。總之，細分比通用，更有殺傷力。

03　說服客戶：避免爭論對錯，聚焦結果價值

講對錯只會把客戶推遠，講結果才能拉近客戶。

有一對夫妻剛結婚不久，就經常吵架。

他們吵架的理由很簡單，都是一些生活瑣事，比如：老婆指責老公，提醒了無數次，但是擠牙膏還是從中間擠；老公指責老婆花錢大手

模組一　流程篇

筆，總是買一些用不上的東西；老婆指責老公總是亂扔臭襪子，搞得家裡一團糟；老公指責老婆總是做那幾道重複的菜，吃得很膩。

時日一長，婚前的那份心動與浪漫，在這樣的一堆雞毛蒜皮中，慢慢被消磨殆盡。

另外一對夫妻也剛剛結婚，遇到的問題跟上一對夫妻大同小異，但是他們是這樣處理的：

老公擠牙膏總從中間擠，老婆就提前為老公擠好牙膏；老婆總買些用不上的東西，老公就主動配合老婆做廢物利用或者廢物處理；老公一回家就亂扔臭襪子，老婆就在鞋櫃旁邊專門設定一個放襪子的竹簍；老婆只會做有限的幾道菜，老公就在自己空閒的時候，和老婆一起研究菜單。

其實這些方法也未見得有多高明，但是他們的日子，確實是越過越甜蜜了。

這兩對夫妻的生活帶給我們什麼啟發？

套用一句情感專家的話：家不是一個講理的地方，而是一個講愛的地方。總是講理，烏煙瘴氣；總是講愛，柔情蜜意。

那這一點對我們銷售人員有什麼樣的啟示呢？

銷售人員和客戶的關係，也有點像情侶關係，都需要建立好感、持續跟進，然後成交。

當銷售人員與客戶溝通的時候，肯定會遇到很多的異議[a]或問題，這是非常正常的。但是很多銷售人員，卻非常喜歡跟客戶講道理。比如，客戶說「不需要」，他就會向客戶證明客戶如何需要；客戶說「太貴了」，他就會向客戶證明產品如何不貴。且不說這些道理是不是站得住腳，單

單這份講道理、教育客戶的姿態，就讓客戶極其反感，銷售的機會自然也就流失了。銷售人員千萬要記住，不要贏了辯論，卻輸了訂單。

所以，銷售場合，也不是一個講理的地方，而是一個講結果的地方。

這個原則適用於處理客戶所有的異議。具體操作可以分為如下三個要點。

要點一：柔化鋪陳。

諸如安撫、理解、認同、肯定、感謝、示弱、道歉等。目的是讓客戶的情緒得到撫慰，同時讓你後面所說的話，不要顯得那麼有鋒芒、那麼咄咄逼人。

要點二：陳述理由。

你不是很理解他嗎，那你理解的理由是什麼？你不是要有後面的行動建議嗎，那你給這個建議的理由是什麼？這裡的陳述理由，可以是澄清銷售人員的動機，也可以是深層次理解客戶的動機。目的是，進一步加強撫慰的效果，讓你下一步的行動建議聽起來更合理，讓客戶更願意接受。

要點三：行動建議。

作為銷售人員，你的每一個動作，都需要指向一個結果，都是為了推進到下一步，而不是原地踏步。所以，在你處理每一個客戶異議的時候，你都不是為了解釋而解釋，而是要發揮到推進銷售程序的作用。你可以結合當時的實際情況，提出合適的下一步。事實上，只要還沒有簽單，都有下一步。

這樣的表述，不僅避免了講道理，還把銷售程序帶到一個有結果的狀態。

模組一　流程篇

當然，如果遇到特別簡單的異議，可以簡化一些，兩個要點就行，「柔化鋪陳」和「行動建議」即可。複雜一些的，就需要三個要點一起使用。

本書中出現的「異議」一詞，是銷售行業專用名詞，泛指客戶的一切回應。

異議1：我現在沒時間。

異議2：我不需要。

異議3：我們已經有供應商了。

異議4：你們的價格是多少？

異議5：你們的價格太貴了。

異議6：你先傳資料給我看看吧。

異議7：我考慮考慮再說吧。

接下來，我們就用這樣的方式，對客戶在銷售開場中經常提出的7個異議依次進行處理。

異議1：我現在沒時間

我見過有些銷售人員是這樣說的：「其實我只需要您30秒，我只需要您1分鐘⋯⋯」拜託，這樣的說法太過卑微，有點低聲下氣，實在不太體面。

正確的處理思路是：把客戶的異議當作真異議，尊重客戶，跟對方另約時間。你可以這樣說：

「（柔化鋪陳）不好意思，今天突然打電話給您確實很冒昧。

（行動建議）請問您大概什麼時間會方便一點呢，是今天下午還是明天早上？」

如果客戶還是說沒時間，可以讓客戶定一個他方便的時間，如果再不行，直接放棄。銷售開場，本身就是一個快速篩選的過程，如果客戶連 30 秒都沒有，顯然已經不是透過技巧可以解決的了。我個人建議，只要客戶拒絕到第 3 次，銷售人員就應果斷放棄。

異議 2：我不需要

我知道有些人遇到這樣的問題，會本能地開始講自己的產品有多好、有多厲害。其實這樣做是完全沒效果的。你要看到你們的場景，是剛開始接觸，雙方還很陌生。你也要看到客戶的狀態，此時的客戶，到底是「不需要」多一些，還是「不耐煩」多一些呢？顯然是不耐煩多一些。因為，他才剛接到你的電話，1 分鐘不到，哪會有什麼理性的判斷，頂多就是一種情緒反應。

那正確的做法是什麼呢？先處理對方的心情，再進行一次爭取。你可以這樣說：

「（柔化鋪陳）完全理解。其實，像我這樣不分時間、不分地點地打電話給您，談一個您根本沒有想過的話題，您有這樣的想法很正常。

（行動建議）只是，我在想，既然您已經接聽了，能不能給彼此一個機會？反正聊完之後您再拒絕也不遲，您覺得呢？」

這裡需要特別提示一下，在你跟客戶接觸的早期，尤其是在你們還不熟的情況下，客戶的很多異議可能都只是情緒化的反應，不是在表達真正的問題。就像「我不需要」這個說法，有可能是在抗拒事情，但是也有可能只是在表達情緒。所以你的處理策略就是，以情緒為主，事情為輔。重點是安撫客戶的心情，處理好心情之後，再趁機提出一個小小的要求，同時給客戶足夠的選擇權。

模組一　流程篇

但是如果到銷售的中期或後期，客戶說：「這個東西我們目前確實用不上。」那聽起來就是一個比較理性的表達了。你的處理策略就應該是，以事情為主，情緒為輔。適當柔化鋪陳之後，就需要面對真正的問題了。

異議3：我們已經有供應商了

我見過很多人會本能地大秀公司的優勢，大談公司有多麼厲害、取得過什麼榮譽。其實對於客戶而言，你秀公司、秀產品是打動不了他的。

立場不同，認知不同。客戶永遠不會買你認為最好的產品，只會買他認為最好的產品。客戶永遠不會選擇你認為最好的公司，只會選擇他認為最好的公司。你認為的和他認為的，有著天壤之別。如果他確實對現有的供應商很滿意，你要強行說服他更換供應商，是不太現實的。你需要做的，是先穩住他的情緒，然後再適當地提出一個他大機率不會拒絕的小建議。你可以這樣說：

「（柔化鋪陳）我完全理解。站在您的角度，我想，您或許和現在的供應商合作得不錯，目前也的確沒有任何理由要考慮突然更換。實際上，我今天致電給您，也沒有抱著讓您立刻更換供應商這樣不切實際的預期。」

這樣一說，客戶一下子就放鬆了，覺得你不是來強迫他的，壓力就釋放了。

「（行動建議）我只是想，既然您已經接聽了，能不能給彼此一個機會？讓我跟您簡單說一下，我們究竟是做什麼的、能幫您解決什麼問題，然後由您來決定，是直接結束通話電話，還是留我當個『備胎』，您看行嗎？」

這裡的當個「備胎」，是不是既有點幽默，又是一個讓客戶無法拒絕的小建議？

異議4：你們的價格是多少？

價格問題，幾乎是整個銷售流程中客戶最關注的問題之一了。

你可能會糾結，到底是報價好，還是不報價好呢？如果報價，可能的風險是，客戶一聽價格太高，就被嚇跑了。但是如果找藉口不報價，又會顯得很不真誠。

我的建議是，你可以報一個區間價，兼顧低價和高價。但是如果你的產品是非標品，必須了解客戶的實際情況才能報價，那你也可以暫時不報價，但是需要給出一個充分的理由。

第一種情況：報區間價。

你可以這樣說：

「我們的價格區間是⋯⋯

（柔化鋪陳）不同的價格對應的是不同的解決方案。在和您深入溝通之前，我確實不知道，到底哪一個價位的解決方案才是最適合您的。

（探測態度）不過沒關係，目前您粗略聽下來，認為我們在價格上有一定的交集嗎？」

這裡的探測態度也是廣義的行動建議的一種，因為態度往往是行動的指南針，態度明確了，行動也就清晰了。這個探測態度的問題非常重要，一定要問。為什麼？

因為價格是最好的篩選目標客戶的要素之一。如果你不問，假裝對方就是你的目標客戶，就會導致你不斷地給他提供資訊，不斷地為他做方案，付出了相當多的心力，最後卻發現還是卡在價格上，功虧一簣。其實，你明明可以一早就知道結果的，最終卻把自己搞得那麼辛苦，實在沒必要。

當然，即便你問了，客戶也未必跟你說實話。但是總比你不問獲得的資訊更多。銷售開場，本身就是一個篩選客戶的過程，要抓住一切可能的機會，去測試，去辨識。

第二種情況：暫時不報價。

如果你的產品是非標品，確實需要了解一些客戶資訊才能報價，你就要說出一個你無法告知價格的充分理由。然後，再爭取一個合適的溝通機會。你可以這麼說：

「（柔化鋪陳）感謝您的坦誠直接，這麼早就問到了價格。

（陳述理由）其實我也特別想報一個比較確切的價格給您，這樣您省心，我也省心。但是，我的確遇到了一個難題。因為不同價格的產品，解決的是不同的問題。如果我一點都不了解您的情況的話，我是真的不知道該如何報價給您，報高了我怕您用不上，報低了又怕解決不了您的問題。」

這樣的理由聽起來是不是特別中肯，也很利他？

「（行動建議）您看這樣可以嗎？如果您的確有興趣，我們就再簡單聊 10 分鐘，您來確定一下，您到底需要一個什麼樣的產品，然後我再報價給您。如果您覺得合適，當然很好，如果您覺得不合適也沒關係，買賣自由，我會充分尊重您的決定，您看行嗎？」

如果你這樣說，客戶還會追問你價格的事嗎？可能就不會了，甚至願意給你更多的耐心和時間。

異議 5：你們的價格太貴了

既然客戶問了價格，你也報了價，就有很大的可能性，客戶會嫌貴。這個時候，可能很多人會忙不迭地解釋「其實我們一點都不貴」，或

者「我們貴有貴的道理」，抑或「一分錢一分貨」，然後就開始誇產品。其實，這樣的處理方式，客戶聽得太多了，很難產生實際的效果。

事實上，銷售初期，客戶嫌貴，很多時候只是一種本能反應，並不意味著他買不起，也不意味著他不會買，或許他只是還不習慣這樣的一個價格。所以，客戶嫌貴的時候，銷售人員不要太認真、太當一回事。你需要做的是爭取溝通的時間，讓客戶有機會意識到你的產品值這個價格。你可以這樣說：

「（柔化鋪陳）理解，我們的價格確實不便宜，您也不是第一位這樣說的客戶啦。

（陳述理由）其實我剛才很坦誠地告訴您我們的價格，並沒有讓您立刻接受的意思，只是讓您心裡先有一個底，這樣也好在接下來的溝通中，更能去評估，我們到底值不值這個價格。如果您覺得值，甚至完全超出預期，我相信再多花點錢您都願意。但是如果您覺得不值得，甚至效果很差，那花一分錢都是浪費。您說對嗎？

（行動建議）不然我們接下來再簡單溝通 10 分鐘，如果溝通下來，您覺得不合適，那我們也不用再糾結價格了，您同意嗎？」

異議 6：你先傳資料給我看看吧。

客戶讓你傳資料，你傳不傳呢？要回答這個問題，你需要先弄清楚客戶的真實想法：他是真的想讓你傳資料，還是只是用一個藉口來打發你呢？

如果是真的想讓你傳資料，你傳了之後，很大機率是可以得到回應的。但是如果只是一個藉口，你傳資料就沒什麼意義，因為他可能壓根就不會看。這就是很多銷售人員傳資料給客戶，客戶卻沒有回覆的原因。不是不回覆，而是他根本就沒看。

那怎麼才能辨識客戶的真正態度呢？你可以找一個充分的理由告訴客戶盲目傳資料的後果，再順勢爭取溝通時間。你可以這樣說：

「（柔化鋪陳）好的，沒問題，稍後我就傳資料給您。

（陳述理由）只是，我確實感到有點為難。我這裡的資料其實很多，我擔心盲目傳給您一大堆，只會浪費您的時間。

（行動建議）您看這樣可以嗎？為了讓我傳的資料盡可能是您感興趣的，我可以簡單地問您幾個問題嗎？」

這樣一說，基本就可以爭取到多一點的交流時間，你就可以分辨客戶到底是真想要資料進一步了解，還是假要資料來搪塞你了。

異議7：我考慮考慮再說吧

在銷售的全過程中，客戶說要「考慮考慮」，也是一個出現機率很高的問題。有的銷售人員可能會直接問客戶：「您考慮的是什麼呢？」甚至還給客戶幾個選項：「是價格、品質，還是其他？」其實，即便客戶選了，就一定是真話嗎？如果客戶沒選，你又能如何？

我的建議是，與其虛假過招，不如來真的，直接問客戶的真正態度。只要你敢面對真相，客戶就會願意跟你說實話。而只有客戶說了實話，你才可能知道下一步到底應該怎麼走。你可以這樣說：

「（柔化鋪陳）完全沒問題，考慮考慮是正常的。

（探測態度）只是，我有種感覺，不知道對不對。您說要考慮考慮，其實應該是不會考慮了。只是您人特別好，不願意直接拒絕我讓我失望，所以才用了這樣一種委婉的表達方式，不知道我猜得對嗎？」

這樣一說，是不是有點釜底抽薪的意思？讓客戶躲都沒處躲，想裝一下、糊弄一下都不可以，必須表露真實的想法。其實很多客戶對於說

拒絕，還是很有壓力的，你這麼一逼，反倒讓他願意跟你說實話了。早點知道真相，你也可以早點想辦法去應對，而不是總讓自己處於一個懸著心的狀態。

你這麼問了之後，客戶會怎麼回應呢？有兩種可能。一種是「我確實不考慮了」。另一種是「我還有些⋯⋯方面的顧慮」。

如果是「我確實不考慮了」，你可以退而求其次，爭取交換聯絡方式，這樣說：

「（行動建議）好的，完全沒有問題。只是，即便您現在不需要，或許未來也會有這個需求。您看，我們是否可以加個聯繫方式，以便您未來有需求的時候，可以隨時找到我？

不過，您放心，我是絕對不會傳給您廣告訊息騷擾您的，如果傳了，您直接封鎖我即可。」

如果客戶在幾分鐘的開場溝通之後，給你的回應是 NO，那麼你就可以結合你產品的情況和你了解到的客戶狀況，自行判斷一下。如果你判斷，未來還有合作的機會，那就爭取加個聯絡方式。但是如果你判斷，未來也不太可能合作，也可以果斷放棄禮貌結束。

當然，交換聯絡方式也是有一定難度的。你需要考慮到，客戶到底會顧慮什麼？他最顧慮的肯定就是廣告騷擾。所以，如果你能提前解決這個顧慮，他的擔心就會減輕很多，那麼交換到聯絡方式的機率就會高一些。

如果，客戶對上面那個問題的回應是「我還有些⋯⋯方面的顧慮」，那麼你就可以直接解決他的顧慮。

以上就是第一步反向開場中 7 個異議的處理方式。

模組一　流程篇

第二步
反向推進，建立清晰的溝通預期

如何將溝通時間從 3 分鐘延續至 30 分鐘？
不是想方設法地用產品資訊填滿時間，
更不是不打招呼地刻意占用客戶的時間，
而是像紳士那樣，
向客戶發出邀約，
從利他的角度，
讓客戶欣然應允。

01　過程控制：不是隨意發揮，而是建立規則

規則即共識，建立規則等於掌控話語權。

秦朝末年，秦二世的統治非常殘酷，致使哀鴻遍野、民不聊生。劉邦為了取得民心，召集關中各縣父老、豪傑，鄭重向他們宣布：「秦朝的嚴刑苛法，害苦眾位了。如今我和眾位約定，不論是誰，都要遵守三條法律。這三條是──殺人者要處死、傷人者要抵罪、盜竊者也要判罪！除此之外，秦朝的嚴苛律法可全部廢除！」由於堅決執行約法三章，劉邦得到了百姓的信任、擁護和支持，最後奪得天下，建立了西漢王朝。

這就是「約法三章」的故事。

規則即共識，建立規則等於掌控話語權。大到一個國家，小到一個家庭，想要做好管理，都需要建立大家共同遵守的規則。

第二步　反向推進，建立清晰的溝通預期

那你有沒有想過，為了最終的成交，為你的銷售流程建立一套有效的規則呢？可能很多人會覺得不可思議——為銷售建立規則，這怎麼可能？即便建立了，客戶會遵守嗎？

其實，客戶會不會遵守，取決於你的規則是否對他有利。如果你的規則是利己的，他當然不會遵守，但是如果你的規則是利他的，他肯定願意遵守。為什麼老百姓願意遵守劉邦建立的規則？因為對大多數善良的老百姓而言，劉邦建立的規則是有利的。

為什麼反向成交的銷售方式那麼優雅、克制，完全沒有傳統銷售模式那種劍拔弩張的壓迫感，卻依然能夠「穩準狠」成交呢？其實背後的規則發揮了非常重要的作用。因為反向成交七個步驟的每一步，都不是銷售人員一廂情願的單向推動，而是跟客戶一次次達成共識後的雙向奔赴。如果你能運用好規則，你會發現，銷售的結果是可以規劃出來的，而你過去被客戶牽著鼻子走、被客戶耍得團團轉的境遇，也將因此而徹底改變。

建立規則的這個過程，就是我們反向成交的第二步：反向推進。

要推進什麼呢？這一步該怎麼理解呢？

你可以把它想像成電影的預告片，發揮到讓觀眾在進入電影院之前，了解故事梗概的作用；你也可以把它想像成一個道路指示牌，它會告訴你，接下來是向右轉、向左轉、直行，還是繞行；你更可以把它想像成導遊帶領遊客進入公園時的一句提示語，告訴大家，可以玩哪些景點、路線怎麼安排、時間是多久、結束時在哪裡集合等等。這一步所要做的就是，跟客戶約定，你們想要怎樣開啟這次會談，雙方對時間、內容和結果有什麼想法和建議。

這樣的約定到底有什麼作用呢？

043

模組一　流程篇

讓客戶進入一種「穩定溝通」的狀態。

有的人可能不明白，怎麼還需要「穩定溝通」呢？難道還有不穩定的溝通嗎？當然有。穩定溝通的「穩定」，可以理解為兩個層面的穩定，分別是外在環境的穩定，和內在心理的穩定。

什麼是外在環境的穩定？

如果你走在大街上，突然遇到熟人，停下打個招呼。你覺得，你們站在大街上，聊多久是比較正常的，超過就覺得時間太長了？我個人覺得，可能是一兩分鐘。但是如果你還想聊怎麼辦？可能就需要約對方到附近的咖啡廳、餐廳等地方，這樣你才可能跟對方有更長時間的溝通。

如果一個客戶來到你的店裡，他就站在櫃檯向你諮詢，或者在店裡走馬看花地看一看，你覺得他願意停留的時間大概是多久？我個人覺得，可能是 3 分鐘左右。如果你想讓他停留更久怎麼辦？你可以邀請他坐下來，遞上一杯水，這時候他願意停留在店裡的時間，可能就會從 3 分鐘延長到 10 分鐘，甚至更長時間。

這說明，不同的溝通場景，給予客戶的溝通預期是不一樣的。通常情況下，坐著聊肯定比站著聊，時間久一些。訊息聊，肯定比用其他的一些社交軟體聊，時間久一些。電話聊，肯定比打字聊，時間久一些。見面聊，肯定比電話聊，時間久一些。即便是同一種方式，比如都是電話聊，提前約定了時間的，也比不約定時間的，聊得久一些，溝通也更穩定一些。

這就提示我們，想要跟客戶進行穩定溝通，最好跟客戶提前約定一下溝通的時間、地點、方式及內容，這些都屬於外在環境的穩定。

什麼是內在心理的穩定？

如果，客戶在跟你聊天的時候，還想著自己的孩子是不是在鬧，還想著上司交代的緊急任務到底能不能完成，還想著接下來到哪裡去吃飯

比較好，甚至還想著，眼前的這個銷售人員會不會浪費他的時間、會不會對他強行推銷、會不會對他死纏爛打等等，他怎麼可能安得下心來，敞開心扉跟你交流呢？

所以，作為銷售人員，你應該盡一切可能，為客戶清除內心的雜念，打消他的一切顧慮，讓客戶更願意投入當前的對話中，這就是內在心理的穩定。

外在環境的穩定和內在心理的穩定融合在一起，才是穩定溝通的真正要義。

這個步驟就是在提醒客戶，從一種很隨性的、不認真的聊天狀態，進入一種相對正式的、認真的談事狀態。現在你就知道，為什麼你說了那麼多重要資訊，客戶的反應卻稀鬆平常了吧？很可能，不是他覺得不重要，而是他根本就沒認真聽。所以，他也就沒有給出合適的反應。

那反向推進到底應該怎麼做呢？有三個要點，分別是：適時切入、陳述理由和事先約定。

要點一：適時切入

還記得我們在第一步反向開場中講到的 30 秒廣告嗎？如果你的 30 秒廣告足夠有吸引力，那當你說完 30 秒廣告之後，客戶肯定是有反應的。他大概會告訴你他的一些情況或一些痛點。當你跟客戶經過兩三輪簡單的問答之後，你就可以適時切入，往下推進了。

要點二：陳述理由

你要往下推進，那你推進的理由是什麼？這樣的約定對客戶有什麼好處？記住，提要求、讓對方願意配合，一定要有理由，而且，這個理由，越利他，效果越好。

要點三：事先約定

這裡的事先約定指的是在正式銷售開始之前的一個約定，即為接下來的溝通建立一個買賣雙方都認可的規則。最常用的約定是三項——約定時間、約定內容、約定結果。當然，如果有必要，可以增加約定事項，比如約定地點、約定人員等等。目的是實現外在環境的穩定，不被外界打擾；內在心理的穩定，沒有私心雜念。

那具體的話術怎麼說呢？以培訓行業為例，你可以這樣說：

「（適時切入）您這邊的情況我大致了解了。目前我初步判斷，我們的課程應該還是能夠幫助您解決一些問題的。

（陳述理由）但是，畢竟每個客戶的訴求都不太一樣，我也不敢說我們就一定是百分之百適合您的選擇。所以我想問一下，您接下來時間還方便嗎？

（事先約定）如果時間上沒太大問題的話，您看這樣可以嗎？接下來我們可以更加深入地交流一下，大概 30 分鐘，您可以具體說說您的問題，我也可以談談我的解決思路。然後由您來判斷一下，我們是不是真的適合您，我們也判斷一下，解決您的問題在不在我們的能力範圍之內。

如果溝通下來，您覺得沒問題，我們就進行下一步，但是如果您沒有興趣，也沒有關係，您可以直接告訴我，我會充分尊重您的決定，絕不浪費您的時間，您看行嗎？」

這樣的推進和普通的推進區別在哪裡？反向用力。在客戶糾結要不要給你時間以及聊完之後覺得不合適該如何撤退時，你提前為他的擔憂找到解決方案——允許客戶說 NO。聽完這段話，如果你是客戶，你願不願意給這個銷售人員一個機會呢？

大家有沒有發現，雖然事先約定的內容有點長，但是其主旨是不是似曾相識？是不是就是對第一步反向開場中解除成交的內容做了一個擴展？其實事先約定就像手風琴一樣，我們是可以根據不同的客戶類型，以及不同的場景對約定的具體內容進行壓縮和延展的。你可以把前文解除成交的內容理解為迷你版，適用於最初雙方不太熟、僅用於試探溝通的小約定。這裡的事先約定則為標準版，適用於探測到對方有需求、可以開始正式溝通的「中約定」。如果你做的是大型的 TO B 銷售，銷售溝通常會以會議形式進行，雙方都會派代表參加，那麼這就是一個「大約定」，內容會擴展得更多，形式也會更加正式。你可以提前跟客戶以電話或郵件的方式溝通並確認，然後在正式會議開始前再次重申，以確保溝通過程的順利進行。

這個事先約定的點睛之筆是什麼呢？涉及對兩個小技巧的巧妙運用。

技巧1：示弱

在上文那段話中，其實有兩次示弱的表達。第一次是「我也不敢說我們就一定是百分之百適合您的選擇」，第二次是「由您來判斷一下，我們是不是真的適合您，我們也判斷一下，解決您的問題在不在我們的能力範圍之內」。這樣的話，會讓客戶有什麼感覺？他會覺得這個銷售人員很實在，信任感油然而生。

其實，大多數人都不太喜歡別人在自己面前表現得很強勢。即便你真的很強，但是如果過於炫耀，別人就會很反感。大多數情況下，往往弱一點更討喜。

但是你可能會說，標榜自己的公司好、產品好，自己很好、很專業，也會給人信心、給人力量，不是嗎？

這個問題問得非常好。我想強調的是，示弱的「弱」，不是指能力的弱，而是指態度的弱。所謂實力要強，但是身段要軟。不是故意抹黑自己，而是在態度上做到謙遜。你可以表達自己產品的優勢、公司的優勢，甚至自己的優勢，但是你表達的方式，要盡量柔軟。

技巧2：解除成交

這個技巧在前文中也出現過。而在上面那段話術中，是這樣表達的：「如果溝通下來，您覺得我們沒問題，我們就進行下一步，但是如果您沒有興趣，也沒有關係，您可以直接告訴我，我會充分尊重您的決定，絕不浪費您的時間。」這樣說，客戶會有什麼感覺？他會有一種很放鬆、很安全的感覺，覺得自己不會被強迫成交，覺得自己對結果是有掌控力的。

其實人就是這樣的，你越說「您不選我們家沒關係」，他越發有了好奇心，越想看看你們家到底是什麼樣的。反之，如果你越強調「我們家很厲害、我們家很厲害，您一定要選我們家，不選我們家絕對會後悔」，對方反而會在心裡嘀咕：「不見得吧，憑什麼？」這是一種很常見的心理反應，也是我們反向用力的重要契機。

接下來我們講講反向推進中的異議處理。

通常而言，如果你使用了上面的技巧，很禮貌地與客戶做了約定，客戶一般是會願意按照約定來做的。但是，也有一些比較強勢的客戶，對某些約定不同意，或者確實臨時有事，打亂了你的節奏。接下來我們就針對可能會出現的一些問題進行解決思路的講解。

問題1：關於時間的異議

比如，你跟客戶已經在電話裡提前約定好，今天要聊1個小時，客戶同意了。

但是到了約定的時間，客戶卻說：「不好意思，今天臨時有個緊急會議，我現在只有 15 分鐘，我們趕緊開始吧。」

這個時候你怎麼辦？沒有經驗的人可能會手忙腳亂、自亂陣腳，可想而知，溝通效果肯定非常不好。這個時候，你可以跟客戶另約時間，這樣說：

「不好意思，張總，今天的約見竟然撞上了您的緊急會議，實在是抱歉。

但是我確實挺重視我們這次的見面，也認真準備了很多內容。如果只有 15 分鐘，恐怕連您這邊的情況還沒了解清楚，我們的時間就結束了，確實比較可惜。

您看這樣可以嗎？如果您不介意的話，我們就另外約個時間。反正，要不要合作，決定權都在您。只是，一次性談妥，會更有效率一些。您同意嗎？」

如果臨時有變動，你也不是非要順著客戶的，你可以提出自己的想法，以確保溝通效果順利達成。當然，如果客戶不同意另約時間，堅持在 15 分鐘內交流，你可以委婉探測一下客戶的態度：

「張總，我感覺到您的為難了。

冒昧問一下，我們上次約的時候說的是 1 個小時，您當時也是同意了的，是不是後來發生了什麼我不知道的狀況，導致您改變了想法？其實沒關係的，如果您確實改變了想法，您也可以直接告訴我。反正來日方長，以後我們還有很多合作機會。」

這樣，客戶可能就會跟你道出實情，這筆訂單的走向就會比較清晰了。

問題 2：關於內容的異議

比如，本來你計畫的是，讓客戶先說自己面臨的問題，然後你再談你的解決思路。但是客戶卻堅持讓你先說說你的思路和方案。

這樣的客戶通常是比較強勢的客戶，對你的能力還不太信任，這個時候你應該怎麼辦？如果你完全不了解客戶的情況就盲目講方案，無異於瞎子摸魚，陷入了一個被人牽著鼻子走、被人挑剔的處境。這個時候，爭取信任是第一要務。

你可以這樣說：

「張總，看得出來您是一個比較直接、有效率的人，能夠跟您這樣的客戶打交道，我覺得非常愉快。

只是，目前我完全不了解您的實際情況，如果要我盲目地跟您介紹我們的方案，並且還能夠跟您面臨的問題一一對應，說實話，我確實沒有這個能力，恐怕會辜負您的信任！

不然您看這樣可以嗎？我先介紹幾個我們的客戶案例給您。當然這些案例或許跟您的情況不太一樣，但是您至少可以透過這些案例，大致上了解我們的能力。

如果您判斷下來覺得 OK，您就還是跟我介紹一下您目前面臨的實際情況。但是如果您覺得不 OK，那我也會尊重您的決定，我們的合作洽談也可以到此為止。您看行嗎？」

這樣說，大概再強勢的客戶，都是會答應的。

02　結果控制：不接受含糊答覆，而要明確推進

含糊＝NO！請將這句話刻進大腦裡。

生活中，你有沒有聽到過這樣的話：

下次請你吃飯。

以後再約。

有時間再聊。

有空再說。

如果你稍微留意一下，你就會發現，「下次請你吃飯」，往往就是沒有下次；「以後再約」，往往就是沒有以後；「有時間再聊」，往往就是沒有時間；「有空再說」，往往就是沒空。

為什麼會這樣？有兩個原因：

其一，很多人要直接拒絕別人其實是很有壓力的，不想把氣氛搞得那麼尷尬和難堪，因此，明明是拒絕，也會選擇委婉一點的表達方式。

其二，很多人自己也沒想好，對這件事可做可不做，所以就先這麼含糊地一說，既保全了面子，也不用立刻兌現，沒什麼壓力。

但是如果你想調皮一下，拆穿對方，你就可以假裝無辜地問：「好啊，什麼時候？」這樣，這個謊言的肥皂泡就被你戳破了，逼得對方必須亮出明確的態度。

在銷售的過程中，客戶也經常會用這招來糊弄我們。比如，初步聊完之後，客戶讓你傳資料給他，說「看看資料再說」，然後就沒有音訊了；說「今天先這樣，再聯繫你」，然後就沒有聯繫了。

很多銷售人員，只要客戶沒有明確表態「不買」、「不合作」，他都當

客戶「會買」、「會合作」。客戶要傳資料，那就傳吧。客戶要看方案，那就做吧。客戶要考慮考慮，那就等吧。他們的信念是：只要客戶沒說NO，一切就還有機會。但是很多時候恰恰相反。也許，結局早就注定了，戰役也早就結束了，只是你自己不知道，或者不願意相信，只顧蒙著眼睛自欺欺人。

我輔導學員的時候，發現很多人的銷售溝通，經常就是在這樣一種態度含糊的友好氛圍中結束的。以至於我經常被學員問：「老師，我下一步該做什麼？」、「老師，我該什麼時候再去跟進客戶？」、「老師，我下一次該跟客戶聊什麼？」考慮考慮，那就等吧。他們的信念是：只要客戶沒說NO，一切就還有機會。

聽到這樣的問題，說實話，我也很無奈。我只能告訴他們：「如果你上一次沒有約定好，其實我也不知道你這一次要聊什麼、要跟進什麼、要何時跟進。你只能去臨時約，碰碰運氣。」臨時約，也不是不行。但是你往往會發現，客戶也是有惰性的，你不提前跟他約好，他的興致一過，往往你就很難約他了。

所以，絕對不要接受客戶含糊的態度，因為含糊＝NO。

雖然這樣說有點絕對，但是卻可以讓你在面對客戶含糊態度時打起十二分精神，及時獲得真相、化解危機。

那什麼樣的態度才是可以接受的明確態度呢？有如下三種。

第一種：YES

第二種：NO

第三種：有明確的下一步

要麼客戶同意購買，要麼客戶不同意購買，要麼有一個明確的下

一步，比如什麼時間做什麼事，這三種回應，我認為都是明確的積極回應。

可能有的人就疑惑了，「NO」怎麼會是積極的回應呢？這明明是拒絕的訊號啊。

首先，客戶早一天明確態度比遲一天明確態度，對你更有利。因為遲一天告訴你，並不會從本質上改變這個結果。但是早一天告訴你，卻能夠讓你節省時間、節省精力。做銷售，時間就是金錢，不是嗎？

其次，客戶明確表示拒絕，你就可以儘早著手去了解拒絕的原因。了解之後，如果是硬傷，那就果斷放棄，禮貌結束。如果是誤會，那就解除誤會，讓銷售重回正軌。這樣就大大減少了你長時間等待回應的煎熬，避免了精神內耗。

最後，如果客戶拒絕的原因，跟你們的產品無關，是他自己的問題，比項目突然終止了。這時你還可以順便問問客戶對你們的服務是否滿意。如果滿意，你可以藉機向客戶爭取一下轉介紹。

這樣看來，「NO」好不好，應該顯而易見了。

那對於客戶含糊不清的態度，我們應該如何應對呢？接下來舉例說明。

問題1：初步聊完之後，客戶說：「你先傳資料我看看再說吧。」

你可以跟客戶約一個回饋的時間，這樣說：

「張總，沒問題，我把相關資料整理一下，在今天下午下班前傳給您，您到時注意查收一下就可以了。

只是，張總，我想多問一句，您大概會在多久之後看完資料呢？

請您千萬別誤會啊，我絕對沒有催您的意思。我只是覺得，我們可

以簡單直接一些。如果您看完資料覺得合適當然很好，但是如果您覺得不合適也沒有關係，您可以直接告訴我，我也會充分尊重您的決定，絕不浪費您的時間。所以，您看，我多久之後來問一下會比較好呢？」

這樣一問，是不是就管理好結果了，你就不用懸著心等著他了。

問題2：客戶說：「我考慮好了再聯繫你。」

如果客戶不告訴你時間，你可以溫柔地堅持要一個約定期限，這樣說：

「張總，沒問題，那就勞您費心啦。

只是，張總，我想多問一句，您是指多久會聯繫我啊，有沒有一個大致的期限？

我沒別的意思啊，您千萬別誤會。我只是擔心，您每天工作這麼忙，萬一您到時候忘了，或者您考慮之後，決定不合作，又不好意思直接跟我說的話，我也好在差不多的時間點來問一下您的決定。畢竟，如果在不合適的時間打擾您，我也過意不去。您看我什麼時候來問一下比較妥當呢？」

這裡的關鍵是：理由一定要足夠充分、合情合理。上面這段話總共說到了三個理由：第一，客戶工作忙，怕客戶忘了；第二，客戶決定不合作，但是不好意思說；第三，不想要在不合適的時間打擾客戶。三管齊下，客戶應該會給你一個大致的時間。

但是如果客戶依然堅持再聯繫你，怎麼辦？

那你能做的就是大致算一個時間，主動去問一下，行就行，不行就算了。

因為單看客戶的這個反應，說明你跟他的交流應該還處於淺層，客

戶對你有比較強的防備心理，大概你對他的需求也沒了解得很全面。即便是個「NO」，也沒關係，反正你也有心理準備。重點是，寧可明明白白地失去，也不要稀里糊塗地被慢慢折磨。

問題3：客戶沒明確表態

這時，你可以用事先約定主動管理銷售程序。

你不管理銷售程序，客戶就會代你管理。你不管理銷售程序，你就會被客戶牽著鼻子走。很多時候，客戶沒明確表態，要麼是拒絕的訊號，要麼是對於客戶來說，他不知道下一步要做什麼，所以才會有這麼含糊的態度。你作為銷售人員，就可以透過對「下一步」的約定，主動幫助客戶明確態度、明確思路。

比如，痛點聊完了，你就可以主動問：「我們是否可以聊聊預算？」預算聊完了，你就可以主動問：「我們是否可以見見大老闆？」見完大老闆了，你就可以主動問：「我們是否可以定個時間，做一個最後的方案展示？」這些都是你可以去主動推進的內容。此外，如果你感覺到客戶有一些顧慮，你也可以透過約定來解除他的顧慮。他顧慮什麼，你約定解決的就是什麼。這樣，成交自然就會順利很多。

03　風險控制：不要心存僥倖，而是提前防範

越重要的事情，越不能賭機率。

富翁和兩個年輕人玩了一個殘忍的遊戲。有兩個房間，裡面分別有一隻老虎和一位美女。如果年輕人打開的是關著老虎的房間，他就會被老虎撕得粉碎；如果年輕人打開的是美女的房間，富翁就以千金相贈，並讓他們完婚。

誘惑實在太大，但是風險也太大，如何抉擇呢？

一個年輕人想到了占卜，他請占卜師幫忙算卦，但是依然開錯了門，被老虎吃掉了。

另一個年輕人則利用有限的時間去學習馴虎的技術，學成以後，他不慌不忙地打開一扇門，結果見到了美女，於是抱得美人歸，過上幸福的生活。

這個小故事給你的啟發是什麼？

越重要的事情，越不能賭機率。只有把它當一定會發生的事去處理，才能只贏不輸。

在銷售過程中，我們也經常會面對各種影響銷售成敗的意外事件，比如突然發現這批產品有瑕疵，你不知道客戶會不會接受；比如突然曝出了一個行業負面事件，你不知道客戶會不會介意等等。這些事件，如果客戶能接受，那就是小事一樁，但是如果客戶不能接受，就會直接影響成交。

那客戶到底會不會介意呢？如果你自己都已經有了這樣的疑問，說明客戶介意的機率還是很大的。你與其心存僥倖，讓自己活在焦慮和擔憂中，不如直接面對。這也是事先約定的一種用法，在這裡也叫「打預防針」。與一些傳統銷售人員只說好話、自欺欺人的做法相反，我們要主動在客戶都沒有察覺相關負面消息的時候，不隱瞞、不隱藏，主動將事情和盤托出，提前告知客戶「有這樣的一件事情，我們來看看怎麼處理」。其實很多事情，無論多嚴重，只要你提前告知，讓對方有個心理準備，對方的情緒反應就不會那麼大了。但是如果是讓對方突然面對，殺傷力就會很大。

具體應該怎麼做呢？我們來舉例說明。

案例1：擔心產品價格太高，嚇跑客戶

我有一位學員，他是推銷高級護髮服務的。他經常遇到這麼一種情況，就是在銷售的前期，溝通得都非常好、非常順，客戶對他們的服務內容也非常認可。但是只要一談到價格，客戶就會立刻變臉，牴觸情緒非常大。而且，不是一個兩個客戶會這樣，而是很多客戶都會這樣。為什麼呢？因為他推銷的是高級護髮服務，價格比普通的護法高了很多。雖然產品、服務都很高級，但是客戶只要一對比價格，就覺得心理不平衡、接受不了。這個難題已經成為他的一個心病了。

其實，這個問題完全可以透過事先約定的方式來解決。你可以理解為，提前約定一下「高價」的處理方式。在初期與客戶溝通得比較順時，你可以找個機會這樣說：

「（提出問題）非常感謝您對我們的信任。但是實際上我個人還擔心一件事，不知道該不該說。

（陳述實情）是這樣的，我之前也接觸過很多和您類似的客戶，他們也是在別家做過護髮，後來更換到我們家的。坦白說，我們走的是中高級路線，價格會比較高，但是由於一些客戶之前選擇的是一般的護髮，價格比較低，因此在找到我們的時候，心理上也抱著過去在別家做護髮時的價格預期，於是就覺得我們價格太高了。實際上，他們中很多人是真的渴望透過我們的服務提升自己的髮質，也並非沒有消費實力，只是對比之前習慣的價格，的確在心理上感覺落差比較大，有些難以接受。

（探測態度）所以我也有點擔心，您是否也會由於之前習慣的價格，造成心理上的落差，導致您最終不願意選擇我們的服務啊？」

猜猜看，你這樣說，客戶會怎麼回應？

有兩種可能。

模組一　流程篇

第一種可能是，客戶確實覺得你們的價格比較貴，難以承受。

比如他過去習慣於千元的消費，現在突然要他消費萬元，他會覺得壓力很大。對於這種客戶，語言的說服是比較蒼白的，因為每個人的價格承受力不一樣。你可以提供他一些試用、優惠券，或者其他的一些可以讓他體驗的低價服務，慢慢培養客戶，但是對轉化率，不要抱太大希望。

第二種可能是，客戶乍一聽也覺得貴，但只是一種瞬間反應，同時會在心裡慢慢調高自己的價格預期。

這樣的客戶其實是有消費能力的，只是由於過去的消費認知，對這個新的價位不習慣而已。對於這種客戶，只要你提前說明，讓他有一個緩衝期，同時又讓他看到了產品實實在在的價值，通常成交問題不大。

但是重點是，一定要提前說明，而不是懷著僥倖心理，覺得也許這個客戶不會這樣想。因為，如果客戶知道價格後覺得價格貴，你提前說明只會幫助你提前解決問題。但是如果客戶知道價格後不覺得貴，那麼你提前說明，也會給客戶一種你這個人很實在的感覺，同樣加分。

案例2：擔心客戶在看房後直接去找開發商買房

我有一位學員，他是房產仲介，他經常遇到客戶找他看房之後，直接去找開發商買房的狀況。

對於這個問題，既然已經提前預見了，當然可以提前排雷。你可以這樣對客戶說：

「（提出問題）實際上，我有件擔心的事，可以跟您交流一下嗎？

（陳述實情）根據我跟客戶打交道的經驗，我發現有些客戶在跟我看完房之後，會自己去找開發商買房子。原因是他們認為，找仲介買房不

划算,因為仲介本身要賺錢,因此房價肯定會更貴。不知道您是不是也有類似的想法呢?」

面對問題,稍等客戶的反應。

「其實,這真的是一個很大的誤會。因為仲介的費用,是開發商給的行銷費用,跟房價沒關係。意思就是,您找不找我看房,房價基本都一樣。同時,因為仲介可以要到底價,誠心買還可以再找開發商議價。所以,您找仲介買,可能還會更划算。」

把事情說清楚,解除誤會。但是解除誤會的同時,也不可避免地帶給客戶壓力,可能會讓客戶覺得,你是不是在逼他選你。所以,你還需要看穿客戶的心思,化解他的擔憂,可以用解除成交來化解:

「當然,即便您知道了這一點,您依然可以去找開發商看房、買房,沒有任何問題。畢竟這也確實是您的權利。而對我而言,只要您還願意來找我,我都會做好我的服務,這一點您可以完全放心。

(探測態度)所以,我不知道,接下來我還有機會為您提供服務嗎?」

這樣步步為營,是不是又誠懇又沒有壓迫感,還驗證了客戶的態度?

當然,客戶也不是都很誠實的。總會有一部分客戶,表面上說要找你,實際上可能還是會去找開發商,這種客戶一定存在,你也杜絕不了。但是,你至少可以爭取到大部分客戶的支持,這就足夠了。

案例3:擔心約好的時間被客戶臨時改期

這樣的情況我猜想每個銷售人員基本都遇到過吧。明明約好了週三下午1小時,結果見面前半小時,收到客戶訊息,說臨時有事要改期。這種情況確實令人很煩躁。

那如何才能把這種情況的發生機率盡量降低呢?方法就是,用事先

> 模組一　流程篇

約定的方式,提前排雷。你可以這樣說:

「(提出問題)在掛掉電話之前,還有最後一件事情想和您確認一下,不知道關於我們剛剛約好的時間,您改期的可能性大嗎?

(陳述實情)完全沒有冒犯您的意思,只是,過去我也偶爾碰到被放鴿子的情況,覺得很難受。我猜您的日程表肯定也是排得比較滿的,其實我也一樣。所以我會問到您這個問題,希望您不要介意啊。

(行動建議)我的想法是,如果有改期的可能性,我們乾脆現在就換個時間。如果沒有,我們就按照這個時間來,您看可以嗎?」

這樣一說,你覺得客戶改期的可能性還大嗎?應該不大了。即便過後他想改期,但是他也會想,人家明明已經給過自己改期的機會,自己當時又沒改,現在再改,似乎不太好,算了,那就不改了。是不是這樣的心理?

當然,即便你已經反覆確認過,還是會遇到改期的情況,有可能是因為客戶確實臨時有事,那你就調整心情,重新約定時間即可。

案例4:跟客戶有不同的看法,擔心說出來會引起客戶的對抗心理

這種情況是不是也很常見?銷售成功的關鍵就是說服客戶,所以,銷售人員跟客戶在很多問題上有分歧是很正常的。

但是,如果你直接提出跟客戶不同的觀點,難免會產生對抗。一旦客戶情緒不舒服了,你的道理再對,都無濟於事。這個時候,最好的做法就是,提前排雷。你可以這樣說:

「(提出問題)其實在這個問題上,我確實是有一些不同的看法的。

(陳述實情)但是我擔心,如果直接說出來,您會誤會我在質疑您。其實完全不是的,這只是我個人的認識,也不一定對。

（行動建議）不然您先聽聽看，如果不對您可以隨時更正。」

如果你在陳述重要觀點之前，以這樣一小段話作為鋪陳，是不是就大大減少了對抗的感覺？你儘可以大大方方地說，客戶也可以更坦然地聽了。

接下來我們對提前排雷，做一個要點提示。

第一，不要懷有僥倖心理，要勇敢面對。

如果確實是個雷，你提前排雷，肯定比突然踩雷，效果要好。如果確認不是，那你提前排雷，只會讓客戶覺得你可靠實在，沒有任何不好的影響。所以，要勇敢面對。

第二，對對方的動機，要充分理解。

要對對方的心理狀態有充分的預估，也就是告訴對方，他的所有想法，你都理解、支持，讓對方有充分的安全感。因為，將心比心，你理解他，往往也是他理解你的開始。

第三，對自己的動機，要柔化表達。

無論你要表達的是什麼，請去掉鋒芒，不要咄咄逼人。因為別人沒有義務來配合你、支持你，除非他願意。

掌握了以上三點，你再進行提前排雷，效果就會比較好了。

> 模組一　流程篇

第三步
反向挖掘，深度診斷核心痛點

是什麼讓客戶最終成交？

不是因為你的產品有多好，

而是因為他的痛點有多深。

是什麼讓客戶感受到痛點？

不是你基於主觀臆想的直接灌輸，

而是他基於真實場景的「不得不」。

01　成交本質：
　　不是感性也不是理性，而要兩者兼備

成交＝感性衝動＋理性評估

到底是感性促成的婚姻更容易帶來幸福，還是理性促成的婚姻更容易帶來幸福呢？

感性促成的婚姻，其實就是兩個人一見鍾情之下，不在乎對方的家庭背景、學歷背景、財富地位，對於這些通通不看，或者，即便看了，也不在乎，覺得這些都不重要，於是見面幾次之後，就談婚論嫁。但是大家都知道，這樣的婚姻，其實非常脆弱，等夫妻二人激情期一過，要朝夕相處，步入平淡的生活時，往往才發現問題，覺得對方脾氣不好、習慣不好、價值觀不合適。因此，「閃婚」的婚姻，通常也會以「閃離」收場。

第三步　反向挖掘，深度診斷核心痛點

而理性促成的婚姻呢，可能是雙方父母看上了對方家庭，覺得門當戶對──雙方家世、財富、學歷、地位都比較匹配，於是父母之命、媒妁之言，兩家新人就結婚了。這樣的婚姻，有的也可能比較美滿，但是這需要雙方的性格合得來，不那麼挑剔。但是其實這樣的婚姻也特別容易出現問題，最大的問題就是夫妻倆沒有激情。無論在別人看來，夫妻倆多麼配，他們自己就是沒感覺。最後，這場婚姻很可能直接淪為一種契約，名存實亡。

感性促成的婚姻和理性促成的婚姻都不太容易有好結果。那什麼樣的婚姻最容易幸福美滿呢？

那就是理感兼備的婚姻，包含了感性衝動和理性評估。

喜歡一個人最初是一種感性的感覺，有了這種感覺、這種原始衝動之後，再經過一段時間的交往，二人逐漸發現對方更多的優點、魅力點，為那份原始衝動找到更多理性理由作支撐。然後，感性上的感受越來越好，理性上的理由也越來越多，二人水到渠成談婚論嫁。這樣的婚姻，有很大的機率是可以維持得長久的。

而這個過程與成交的過程，從本質上來說，是非常相似的。

成交，也是一個「感性衝動＋理性評估」的過程。

首先是客戶對這個產品有一些興趣，其次，在交流的過程中，他的這份興趣逐漸放大，同時也為這份興趣找到更多理性的理由作支撐，最後，成交訂單。

了解了這一點，對我們的銷售策略有什麼啟發呢？

如果直接把成交定義為一個感性的過程，就會出現類似傳銷的那種形式，利用各種現場設計，包括舞臺、燈光、音樂、氛圍、鼓動式的語

言等等，讓客戶逐漸失去判斷力，稀里糊塗做出決策。這樣做的結果是，悔單、悔約、退貨特別多。因為當客戶離開這個特定的環境，就會恢復理性，就很可能會出現完全相反的判斷，於是，悔單就發生了。

但是如果把成交定義為一個理性的過程，也會出現問題。比如，有一些原來做技術的人，或者原來是工程師的人，突然有一天轉行去做銷售。他們最大的問題就是只叫好不叫座，很難成交。他們在技術方面講得非常專業，有問必答，而且令人非常滿意，就是缺臨門一腳。當然，識貨的人也會買單。但是實際情況是，大部分的客戶是不專業的，是不怎麼識貨的。因此，如果只有理性，沒有感性的話，成交率肯定會低很多。

總結一下就是，成交，是感性和理性共同作用的結果。只有感性，容易反悔；只有理性，不容易成交。感性和理性雙管齊下，才能穩穩收單。

02　痛的領悟：需求只是開端，痛點才是關鍵

有需求可以對話，但是有痛點才可能成交。

一位老太太走進藥店為孫子買藥。藥店裡有一位中醫在做義診，看到老太太腿腳不是很方便，於是主動說：「要不我替您看看？反正是免費的，不要錢。」老太太猶豫了一下，中醫再次強調是免費的，於是老太太坐下來，中醫就為老太太把脈。在一問一答中，中醫得知老太太患關節炎很多年了，一到陰雨天就腿痛。問清楚全部症狀，也了解了全部病因之後，中醫對老太太說：「其實我們店確實有治療關節炎的藥，您要不要試試？」老太太回答：「多年的老毛病了，已經習慣了，不治了。」老太太站起來道謝之後，便離開了藥店。

大家想想，這位有關節炎的老太太，為什麼沒有聽從中醫的建議？

原因可能有很多，但是最根本的原因是，老太太有需求，但是卻沒有「痛點」。

可能有些人不明白了，老太太不是承認自己「腿痛」了嗎？難道這不是「痛點」？這就如同多年前在網路上流行的一個梗——有一種冷叫「你媽覺得你冷」。為什麼女孩在冬天不願意穿衛生褲？或許是因為，女孩確實覺得不冷，認為沒必要穿。又或許是因為，女孩也覺得冷，但是比起穿衛生褲帶來的臃腫，美麗對於她而言更加重要。這與銷售中，銷售人員覺得客戶有需求，但客戶卻覺得自己不需要是一樣的道理。比如銷售人員覺得客戶很胖需要減肥，但是客戶卻覺得自己不胖、不需要減，或者即便承認自己胖也很喜歡自己的身材。

所以，不是所有的需求都能被稱為「痛點」，也不是所有你眼中的問題都是客戶承認的問題。即便客戶親口承認了這個問題，也不代表這個問題嚴重到需要他立刻解決的程度，更不代表客戶對解決這個問題有信心、有動力，或許他因為各式各樣的原因已經「躺平」了也不一定呢。

這裡需要區分一下「需求」和「痛點」。我相信，只要你在從事銷售工作，你對「需求」和「痛點」這兩個詞一定不會陌生，兩個詞都在被頻繁使用，但是它們的界限確實不甚明朗。為了幫助大家更容易理解本書的內容，這裡對「需求」和「痛點」做一個大致的定義：「需求」泛指客戶的一切需求，包括淺層需求和深層需求，它的反面就是「問題」。而「痛點」專門指那些如果不解決就會引發「嚴重後果」的深層需求。從這個定義可以看出，需求是痛點的初級形式，痛點是需求的高級形式。所以，有需求不一定有痛點，但是有痛點一定有需求。

通常而言，有需求可以對話，但是有痛點才可能成交。

真正的痛點，需要滿足如下三個條件。

第一，它必須足夠「嚴重」。

上文的案例中，老太太是承認自己有關節炎並且會腿痛的，這意味著老太太是有「需求」的。但是這並不代表老太太有「痛點」。

因為，單單腿痛本身絕不是購買的理由，購買的理由是腿痛引發的後果。比如：痛到什麼程度，會不會整夜整夜地痛、痛到睡不著覺？有沒有影響到更廣泛的日常生活、影響到她與孫子孫女的互動玩耍？有沒有帶來身體其他方面的健康問題？有沒有帶來她對未來生活品質的進一步擔憂等等。如果完全沒有引發這些後果，或者即便引發了，後果也不嚴重，是在可以承受的範圍內的，那麼中醫推薦的解決方案被老太太拒絕，就是一件再正常不過的事了。

所以，不是所有的需求都需要被滿足，只有那些足夠深層的需求，客戶才會重視。也不是所有的問題都需要被解決，只有那些足夠嚴重的問題，客戶才有解決的動力。

這裡需要提示一下，所謂的「嚴重」指的絕不是銷售人員的主觀判斷，而是客戶自己的判斷。這就像，有的人被蚊子咬一口都覺得痛，但是有的人刮骨療毒卻依然氣定神閒，每個人對「痛」的承受力是不一樣的。

或許你的確發現了客戶的問題，甚至能證明客戶有問題，而且問題很嚴重，但是如果客戶已經跟這個所謂的「問題」和平共處了，或者因為出現了其他新的問題，而導致解決這個問題的優先順序下降了，抑或客戶已經放棄解決了，俗稱「躺平」了，那麼你依然沒有辦法說服客戶。因為你以為的問題在客戶看來，可能根本就不是問題。所以，在溝通的時候，需要跟客戶做進一步的求證。

第二，它必須足夠「迫切」。

你有沒有發現，幾乎每個人都想要賺到更多的錢，但是為什麼真正付諸艱苦的行動、卓絕的努力的人，卻並不多呢？很多人都只是嘴上說說，晚上做夢想想。難道他想賺錢的這個想法是假的嗎？如果你問他，他一定會告訴你：「我是真的想賺錢啊。」但是為什麼就是不見他行動呢？究其根本，是因為不夠迫切——即便沒有賺到更多的錢，日子也照樣過。

那麼，什麼時候就有行動了呢？有可能是因為，他喜歡的那個大美女，嫌他不夠有錢，刺激到他了；有可能是因為，他突然發現，以前跟他一樣，甚至不如他的人，居然過得比他好了，他內心不平衡了；還有可能是因為，他摯愛的親人生了一場大病需要很多錢，在籌錢的過程中，他一下子感受到世態炎涼了；更有可能是因為，他自認為非常穩定的工作居然要丟了，他突然面臨失業的困境等等。這些原因造成這個人發生了徹底的改變。

我們不禁要問，到底是什麼讓他徹底的改變？答案是「不能再這樣下去」的迫切度。這種迫切度通常體現在一個近期的「突發事件」中。如果沒有這個突發事件，即便不解決問題的後果很嚴重，即便已經有了改變的動力，他也可能會拖延。但是如果，不僅後果很嚴重，而且時間又緊迫，他改變的決心才會斬釘截鐵。

而購買，本身就是客戶行為的一次改變。所以，單單只是泛泛的「我需要」、「我想要」是不會產生購買行為的，客戶頂多就是看一看、比一比。只有當「不得不如此」的緊急情況出現時，購買才會真正發生。而且，情況越緊急，購買就越爽快。

第三，它必須體現為一種情緒反應。

情緒是什麼？就是喜怒哀樂。那痛的情緒是什麼？就是一種類似頭

痛、牙痛、心絞痛的感覺。想想看，如果你頭痛欲裂，是一種什麼感覺？你還能繼續坐在那裡看劇、滑手機嗎？你還能繼續跟朋友談笑風生、享受美食嗎？你肯定是第一時間、以最快速度去尋找緩解頭痛的藥。痛，就是這樣一種情緒。它是一種可以從一個人的表情、語音語調、肢體動作中被捕捉到的情緒。它是可以被觀察到的，是直觀的，是外化的。

當然，比較感性的人有情緒的時候，情緒表現會比較明顯，你一眼就能看出來。但是即便是比較理性的人，情緒比較含蓄、內斂，他的情緒也是完全可以透過臉部的細微表情、說話的神態，以及語調的變化被捕捉到的。

所以，單單內心的想法本身，是沒有太大的推動力，很多時候只是想想而已。即便喊口號、立誓言了，也不得當真。即便行動了，也容易打折扣、容易堅持不下去。只有當想法變成一種情緒，變得讓人心跳加速、頭皮發麻、坐立不安時，才會產生強大的推動力。

購買也一樣，一個僅僅有想法的客戶，是不會產生購買行為的。只有當想法變成一種從言談舉止間流露出來的情緒，或快樂、或痛苦、或興奮、或憂傷時，才會真正有購買行為。

最後，溫馨提示一下，這裡的「痛點」，不單單指痛苦，它也可以指快樂。所謂「追求快樂、逃避痛苦」，本來就是一枚硬幣的正反兩面，它們是同時存在的。

只是在表達的時候，我們追求簡潔，就用「痛點」來統稱。而從實作來看，大部分的銷售業務，談「痛苦」確實更有效，因為人們對於痛苦的感知確實更為敏感、強烈。只有在銷售一些痛感不太明顯的項目，比如投資品類──好像不投資也沒什麼明顯的痛苦，但是投資的快樂卻很令人振奮時，我們才會重點塑造快樂。

03　挖掘方式：不是由外灌輸，而是從內啟發

從外灌輸是「要我買」，從內啟發是「我要買」。

我見過有的人是這樣賣保險的——

比如，賣意外保險，就講哪裡地震了、哪裡火災了、哪裡車禍了；賣健康保險，就講哪個人因為沒錢看病，最後連命都沒了，或者哪個人因為沒錢看病，家人債務纏身了；賣養老保險，就講如果沒有錢，晚年會有多悽慘，兒女不認，七老八十被迫重新就業等等。

他的邏輯是，客戶買保險，就是為了規避風險，而規避風險，就需要找出風險點，這樣客戶才會知道保險對自己有多重要。所以，他認為，只要蒐集到足夠多、足夠勁爆、足夠嚴重、足夠催淚的風險點事件，就能讓客戶感覺到足夠擔心、恐懼，也就是產生足夠的「痛」，就能成交。

如果你是客戶，面對這樣的保險銷售人員，你會向他買保險嗎？你可能不僅不會買，還會對他非常反感、牴觸。如果是現實中的朋友，你可能會慢慢疏遠他，甚至絕交。。

為什麼你會這樣做？

因為，即使他說的道理或許是對的，但是他說話的方式卻令人無法接受。你抗拒的，其實不是保險本身，你抗拒的是這個人。更確切地說，你抗拒的，是這個人說話的方式，是他表達的方式。

人是感性的動物。只要讓客戶不舒服了，哪怕銷售人員說得對，也變成錯的了。在銷售過程中，客戶的這種「不舒服」幾乎有一票否決權，銷售人員很難有迴旋的餘地。

所以，銷售人員挖掘客戶痛點時，一定要注意方式方法，不要用錯

誤的方式毀了你的初衷。

那不用這種方式,又該用什麼方式去表達呢?

有一句話是這樣說的:雞蛋,從外打破,是食物,從內打破,是生命。

這跟銷售有什麼關係呢?其實,這恰恰可以代表挖掘痛點的兩種方式。

從外打破,代表的是灌輸式的溝通方式,是由外而內的強制灌輸。從內打破,代表的是啟發式的溝通方式,是由內而外的啟發引導。

如果你跟客戶溝通的時候,更多採用講道理、說教的方式,直接告訴客戶,他的問題是什麼、應該怎麼做、不做就會有什麼後果,這樣做的結果是,引發客戶的對抗和反感,成交就更不可能了。

但是如果你跟客戶溝通的時候,更多採用提問的方式,讓客戶自己意識到風險,讓客戶自己意識到需求,讓客戶自己意識到問題的嚴重性,從而產生購買動機,這樣做的結果是,客戶不僅會購買,還會感謝你幫助他解決問題。

舉個例子,灌輸式的溝通方式就是,你自己拿起鋤頭、鐵鍬,去挖客戶的痛點。而啟發式的溝通方式是,你把鋤頭遞給客戶,客戶自覺自願、主動去挖自己的痛點。同樣是痛點,但是誰來挖,結果有著天壤之別。如果是銷售人員挖的,客戶不僅不會承認,還會很反感、牴觸;但如果是客戶自己挖的,客戶就會被自己說服,成交就會變成他的想法,而不是銷售人員的想法了。

兩種溝通方式的本質區別是什麼?灌輸式是正向用力,啟發式是反向用力。兩種溝通方式的結果是什麼?灌輸式是「要我買」,啟發式是

「我要買」，高下立見。

本書所倡導的挖掘痛點的方式就是啟發式溝通。

如果你挖掘痛點效果不好，原因基本就是這三個：

購買理由不充分。

購買情緒不充分。

溝通不是啟發式。

本章接下來將會透過挖掘痛點的五類問題，即目標型問題、現狀型問題、行動型問題、感受型問題、解決型問題，為客戶找到百分之百的購買理由，同時也激發出客戶百分之百的購買情緒，為最終的成交打下堅實的基礎。

04　目標型問題：不輕描淡寫，要強調重點

客戶不是在為你的產品買單，而是在為他的目標買單。

工地上有3名建築工人在砌牆。這個時候，有人路過，問他們在做什麼。

第一名工人沒好氣地說：「你沒看到嗎？我在砌牆。」

第二名工人平靜地說：「我在蓋一間房子。」

第三名工人驕傲地說：「我在建設一座美麗的家園。」

10年後，第一名工人還是砌牆的建築工人，第二名工人成為這支建築隊的隊長，第三名工人成了一家房地產公司的老闆。

相信這個故事很多人都聽過，說的是工作目標的重要性。

如果工人的目標是砌牆，那麼他願意付出的努力就只能讓他的職業

模組一　流程篇

生涯穩定在建築工人等級；如果工人的目標是蓋房，那麼他願意付出的努力就能讓他的職業生涯提升到建築隊長等級；如果工人的目標是建設家園，那麼他願意付出的努力就能讓他的職業生涯提升到房地產公司老闆等級。

但是在這裡，我想從銷售的角度來重新解讀。

如果客戶的目標是砌牆，可能他只願意為水泥買單；如果客戶的目標是蓋房，那麼他就願意為鋼筋買單；如果客戶的目標是建設家園，那麼他就願意為「愛」買單。

在銷售的過程中，你可能也會發現，一些客戶面臨的問題明明是一樣的，但是不同的客戶選擇的解決方案卻大相逕庭。比如一些客戶都面臨「團隊業績差」的問題，有的客戶就是喜歡簡單粗暴的話術型銷售課程，要求老師在課堂上不要有太多分析，也不要有太多演練，直接給一套標準話術讓學員去背誦就好。

但是有的客戶卻明確要求課程有一套系統的銷售邏輯，要有演練及回答問題，要讓學員盡量能夠舉一反三、靈活運用。還有的客戶則會要求老師以工作坊的形式深入剖析他們目前面臨的實戰難題，啟發學員在課堂上形成高品質的解決方案，並用於指導實戰。

為什麼會這樣？因為目標不同。第一類客戶要的只是短期的業績，不考慮學員能力的提升；第二類客戶既要業績，也要學員能力的提升，以便未來的業績能持續穩定；第三類客戶不僅要業績，也要學員能力的提升，更要學員在這個過程中形成解決問題的思考方式，從而形成公司無形的知識資產。

說到底，客戶不是在為你的產品買單，而是在為他的目標買單。

目標決定了客戶會選擇什麼等級的產品。

這就引出了本節要重點講的「目標型問題」。

具體而言，就是問客戶的目標和動機：你的目標是什麼？你為什麼想要實現這樣的目標？

接下來舉例說明。

案例 1：汽車銷售行業

你可以這樣問：

「張女士，不知道您最想要的車大致是什麼樣的？」

如果客戶說：「我喜歡漂亮的、安全的、性價比高一點的車。」

你就可以接著說：

「了解了。您剛剛提到『漂亮』這個詞，我一點都不意外，因為一看您的形象氣質就知道，只有足夠美的東西才入得了您的法眼。不知道在您心中關於『漂亮』這一點，有具體的畫面嗎？」

這裡的重點是，抓住客戶回應中的關鍵詞將其具體化，進而了解客戶的深層動機。深層動機基本都是產品之外的東西，會跟客戶的價值觀相關聯。

如果客戶的回應內容很多，如何才能辨識出關鍵詞呢？通常客戶不假思索說出的第一個詞，或者以非常鄭重的態度說出的詞，抑或是在之後的溝通中反覆強調的詞，以及一些比較「冷門」的詞，都可能是關鍵詞。抓住關鍵詞深度挖掘，必有收穫。

案例 2：房產銷售行業

你可以這樣問：

「張先生，不知道您想要的房子大致是什麼樣的？」

模組一　流程篇

如果客戶說：「我喜歡海景房，大陽臺，一起床就可以看到日出。」

你就可以接著說：

「這景觀聽起來實在是太美了。看到您脫口而出這樣一幅場景，我相信它在您心中一定存在了很長一段時間了吧？如果這次真的如願以償，不知道擁有這樣的一個家對您而言究竟意味著什麼呢？」

案例3：培訓顧問行業

你可以這樣問：

「張總，不知道您想透過這次培訓實現怎樣的目標呢？」

如果客戶說：「我希望團隊下半年的業績比上半年增長50%。」

你就可以接著說：

「50%是一個什麼樣的概念？具體來說下半年需要做到多少呢？」

客戶回應之後，你可以繼續問：

「要實現這樣的目標，壓力應該不小。但是看張總一副躊躇滿志的樣子，問題應該不大。不知道這個目標對您而言究竟意味著什麼？」

案例4：保險行業

你可以這樣問：

「張小姐，不知道您有想過退休以後的生活嗎？大致是什麼樣子的？」

如果客戶說：「我就喜歡全世界旅遊，把年輕時沒去過的地方都去一遍。」

你就可以接著說：

「我感覺您平時的業餘愛好就是看書，我還以為您是一個特別宅的人呢，沒想到您是想著以後一次玩個夠啊。這跟您現在的生活好像很不

同,我很好奇,您為什麼會這麼嚮往這樣的生活?」

很多人在問目標型問題時,最大的失誤就是:

錯把表面陳述當作深層目標。

我就見過一些做保險銷售的人,聽到客戶說:「我想要買一份養老險。」

他會覺得「買養老險」這個目標已經很清晰了,於是直接開始介紹產品。當然有的也會問一下:「那您想每月領多少錢,是 3,000 元、5,000 元,還是 10,000 元?」、「您想分幾年繳費?是 3 年、5 年,還是 10 年?」之後就開始介紹產品。

其實,買養老險只是客戶為他的目標找到的一個解決方案,並不能算本節所說的目標型問題裡面的目標。本節所說的目標,與產品無關,是一個專屬於客戶自己的願景。這個願景寄託著客戶的情感,讓客戶充滿動力,並願意為之努力、付出代價。而產品只是實現這個目標、這個願景的一個工具。所以,買養老險本身是不會令客戶興奮的,真正令客戶興奮的,是買養老險之後的美好生活,是對那種美好生活的嚮往推動著客戶去尋找合適的解決方案。

所以,即便客戶來諮詢了,也不代表他真的認準了養老險,他很有可能只是想了解更多的資訊。作為銷售人員,如果你不能將客戶想要的美好生活和買養老險兩者緊緊結合在一起,讓客戶從內心深處覺得,買養老險就是實現他美好生活的最佳途徑,那麼客戶諮詢完之後改變主意就是一件再正常不過的事了。

因此,如果我接到這個諮詢,我頭腦中會立刻冒出一個問題:「為什麼早不買晚不買,偏偏在這個時間段想要買一份養老險呢?」

如果客戶說:「是為退休做準備。」我會想,他為什麼不是選擇買

模組一　流程篇

房，或者投資，抑或高級養老院，而是選擇買保險的方式呢？

如果客戶說：「子女在國外，很少回來。」我會想，為什麼他的子女在國外，他就會想到要用買保險的方式來照顧自己呢？

如果客戶說：「是想要更安心一點。」我會想，為什麼他會覺得，買保險可以讓他安心呢？他的考量點是什麼？安心的生活，在他的想像中，是一幅怎樣的畫面？

你有沒有發現，以上問題的提問思路，是跟傳統銷售模式完全相反的。傳統的銷售模式，對客戶釋放的積極訊號通常會選擇無條件相信、求之不得地相信。但是上面問題的提問思路，似乎不是在相信客戶，而是在質疑客戶──為什麼要這樣做？

因為，一旦你相信了，你就無法去驗證事情的真偽了。只有透過質疑，你才可能透過現象看到本質，透過表層看到深層，透過行為看到動機。這就是反向用力。

當然，以上的問題不一定要全部問出來，這裡展示的只是一個即時思考的過程。同時，如果要讓這些問題獲得比較好的回應，還需要特別注意提問技巧，這個我們會在後面的章節專科門講到。這裡只是聚焦於問題本身來做探討。

透過這樣的深度挖掘，你會發現，客戶的目標會越來越清晰，隨之而來的成交動力會越來越足，你的銷售格局也在悄悄發生改變。

05　現狀型問題：別自以為是，要用心傾聽

客戶的痛點，不是藏在目標裡，就是藏在現狀裡。

一個醉漢在路燈下不停地轉來轉去找東西。

路人問他，丟了什麼？他說：「家裡的鑰匙掉了。」

於是路人幫他一起找，結果找了幾遍都沒找到。

路人就問：「你的鑰匙在哪裡掉的？」

醉漢說：「我出了家門鑰匙就掉了。」

路人大怒：「那你到這裡來找什麼？」

醉漢振振有詞：「因為這裡有光啊。」

這是一個管理顧問界經常講的小故事。說的是很多顧問公司，並不清楚企業真正的問題是什麼，於是就把經過多年實踐提煉出來的諮詢產品和模型當作「路燈」，來找客戶在「路燈」下的莫須有的問題，甚至杜撰客戶的問題。

於是衍生出了一句名言：「你手裡有什麼錘子，你眼裡就有什麼釘子。」

其實，用上面的理念來剖析我們在銷售中遇到的問題，也非常合適。

很多銷售人員並不清楚客戶的問題究竟在哪裡，更沒有能力挖掘出客戶的問題，於是他們就簡單粗暴地用自己的產品來「套」客戶的問題，銷售的過程就演變成，銷售人員想盡辦法用各種證據來證明客戶有問題的過程，於是，各種洗腦，甚至騙子戲碼就產生了。

其實，這樣做只是自欺欺人，如今越來越聰明的客戶已經很難再掉進陷阱。如果你繞過了客戶的問題，你的銷售將會變成無源之水、無本之木，成交也將變成一場賭博。所以，如果你想讓銷售變得更有掌控感，那麼了解客戶到底在遭遇什麼、經歷什麼，到底難在哪裡、痛在哪裡，就是你作為專業銷售人員非常重要的功課了。

這就引出了本節要重點講的「現狀型問題」。

模組一　流程篇

具體而言，就是問客戶的現狀和原因：發生了什麼？為什麼會發生這樣的事？

接下來舉例說明。

案例1：汽車銷售行業

你可以這樣問：

「您現在有車嗎？開的是哪一款？」

如果客戶說：「我現在開的是××。」

你可以接著說：

「我覺得這款車很不錯的，不僅……（優點1），而且……（優點2）。不知道您為什麼想要換？」

這樣，客戶就會跟你道出實情。

這裡的重點是，千萬不要詆毀客戶的現狀或曾經的選擇，甚至要透過讚賞來肯定客戶的眼光。你越肯定客戶，客戶就越願意對你敞開心扉。你越打擊客戶，客戶就越容易跟你辯論。

案例2：房產銷售行業

你可以這樣問：

「您現在住在哪裡？房子是買的還是租的？」

如果客戶說：「我現在住在郊區的××區，10年前買的。」

你可以接著說：「我知道這個地方，雖然在郊區，但是環境很好，各方面的配套很齊全，基本的生活需求都可以解決，在那生活應該很方便吧？不知道您有沒有想過，在那個附近選購一套？」

案例 3：培訓顧問行業

你可以這樣問：

「您現在的銷售團隊業績表現怎麼樣？」

如果客戶說：「我們現在的業績下滑得很厲害，已經連續 3 個月低於 500 萬元了。」

你可以接著說：

「原來是這樣。這 3 個月期間或者在這之前，是發生什麼特別的事件了嗎？您覺得，導致這個情況的根本原因是什麼？」

案例 4：保險行業

你可以這樣問：

「目前您為退休生活都做了哪些準備？」

如果客戶說：「談不上什麼具體的準備，只是有一些存款，還有一套現在正在住的房子。」

你可以接著說：

「如果是這樣的話，看來您也不需要為養老生活煩惱啊。畢竟您現在離退休還有很多年，到時候儲蓄存款就更多了。不知道您是基於怎樣的考量想要找我來諮詢一下呢？」

很多人在問現狀型問題時，最大的問題是：

蜻蜓點水，不深入。

比如，有的學員是賣課程的，他問客戶：「您現在最想解決的問題是什麼？」客戶說：「我就是想要提升一下員工的銷售技能。」他就覺得問到了，可以了。其實這只是表面陳述，沒有觸及核心。

模組一　流程篇

　　如果我來問，我可能會想到如下的一些問題：「您希望將團隊的銷售技能提升到一個怎樣的水準？有衡量標準嗎？比如總業績提升到多少，或者件均業績提升到多少？」

　　如果客戶說：「我希望總業績比去年提升30％。」

　　我會問：「為什麼是30％？達成這個數字對您的團隊意味著什麼？對您個人又意味著什麼？」

　　如果客戶回應了，我會接著問：「那您覺得，您目前的團隊，最影響銷售目標達成的核心問題是什麼？能舉幾個具體的例子嗎？」

　　如果客戶回應了，我還會問：「這個問題持續多久了？您覺得，產生這個問題的具體原因是什麼？」

　　當然，要讓客戶願意回答這些問題，還需要特別注意提問技巧，注意柔化語氣。這個我們會在後面的章節講到。這裡只聚焦於問題本身來做探討。

　　透過這樣的抽絲剝繭，客戶真正的問題才會浮出水面。

　　看了上面的話術範例，你可能也會發現，目標型問題和現狀型問題其實並不是孤立的，兩種類型的問題總會有一些交叉，這是非常正常的。因為客戶的痛點，不是藏在目標裡，就是藏在現狀裡。有時是因為目標實現不了，所以痛；有時是因為現狀很糟糕，所以痛；有時是因為兩者都不滿意，所以痛。而目標和現狀，就像一枚硬幣的正反兩面，它們透過各自的角度，幫助你精準定位客戶的痛點。

06　行動型問題：不作表面評論，而要了解真相

　　客戶的行動，藏著他的態度、偏好和價值觀。

　　一個女孩來到好姊妹家做客，看到好姊妹家裡有點亂，就說：「妳是

不是最近工作太忙,沒時間收拾啊,要不要我幫妳?」

好姊妹卻說:「我老公就喜歡家裡亂一點。他說家裡太乾淨了,就太像飯店了。隨意一點,更溫馨,更像家。」

這個小故事帶給你的啟發是什麼呢?

不是所有的問題都需要解決。

每一個選擇背後,都藏著一種價值觀。在你不了解別人的價值觀之前,不要輕易對別人的選擇指手畫腳。因為,你眼裡的問題,或許在別人眼裡,正是某一個問題的解決方案。如同上面這個小故事,家裡「亂一點」是讓家變得更溫馨的解決方案。

這就提醒我們,做銷售的時候,不要一診斷出客戶的問題,就立刻上演「你有病我有藥」的戲碼,而要去仔細甄別,到底這個問題,客戶要不要解決?如果要解決,客戶採取過哪些辦法,效果如何?如果不解決,背後的原因是什麼?是因為多次嘗試效果不好而放棄解決,還是因為主要矛盾已經轉移了所以不需要解決?

當你了解了這些,你就了解了客戶的態度、偏好和價值觀。他喜歡什麼方式、不喜歡什麼方式,他滿意的是哪一點、不滿意的是哪一點,他看重什麼價值、不看重什麼價值,這樣知己知彼,才可以為你下一步更加精準地滲透你的競爭優勢做好鋪陳。

這就引出了本節要重點講的「行動型問題」。

具體而言,就是問客戶的行動和效果:你為解決這個問題採取過什麼行動或措施,效果如何?

接下來舉例說明。

模組一　流程篇

案例1：汽車銷售行業

你可以這樣問：

「您最近去其他的店看過嗎？」

如果客戶說：「沒去看過。」

你可以這樣說：

「看來您跟我們家還真是有緣呢，一想到買車就來我們家了。那您現在應該會有幾個正在考慮的品牌吧？不知道您願意跟我說說嗎？雖然我談不上有多專業，但就是喜歡車，我們可以簡單交流一下，或許可以給您一些參考。」

而如果客戶說：「我已經去過兩家，××和××。」

你可以這樣說：

「它們都是很棒的品牌呢。不知道您有沒有找到您最滿意的車型？

您最看重的是它們的哪些優勢呢？

您之所以還會來到我們家店是因為在某個方面還有更高的要求嗎？」

透過這樣的探討，你就可以大概了解到，客戶是真想買，還是隨便看看；是剛剛有了想法，還是已經多家對比；是新手買家，還是經驗豐富的專業買家。這些對於你之後溝通的深度和推薦的方向都會產生很大的影響。

案例2：房產銷售行業

你可以這樣問：

「您最近去看過其他的房地產嗎？」

如果客戶說：「沒去看過。」

你可以這樣說：

「那不知道您之所以會來我們家，是因為朋友介紹嗎？還是因為看到了哪裡的宣傳廣告？具體是哪一點吸引您來到了我們這裡？」

而如果客戶說：「我去看過××房地產。」

你可以這樣說：

「那個房地產很不錯的，不僅……（優點1），而且……（優點2）。您應該感覺也很好吧？您之所以還會來到我們房地產是因為在某個方面還有更高的要求嗎？」

案例3：培訓顧問行業

你可以這樣問：

「您為提升團隊的銷售業績都採取過哪些措施？」

如果客戶說：「我們今年確實做過幾次培訓，但是效果都不太好。」

你就可以說：

「原來是這樣。那就您個人的角度而言，您覺得這幾次培訓效果不太好，最主要的原因是什麼？是課程內容脫離學員的實際情況，還是老師的授課方式學員不適應，或者是別的什麼原因？

如果您還是選擇用培訓的方式來解決問題，您對這次新的培訓的具體要求是什麼？」

案例4：保險行業

你可以這樣問：

「在退休規劃方面，您還有哪些想法？比如投資、買房？」

如果客戶說：「我確實不知道還可以做什麼，在這方面了解得不多。」

你就可以說：

「其實，只要不是金融領域的專業人士，在這方面了解不多是很正常的，您不用覺得不好意思。

不過，因為我們公司在這方面對我們做過很多專業的培訓，我也考取了相關的資格證書，所以，在退休規劃這個話題上，我的確有一些很棒的理念可以跟您分享一下，未見得您會很認同，但是至少可以給您一些參考。不知道您願意聽聽嗎？

……（分享退休規劃理念及分析各種投資理財方式的優缺點）不知道到目前為止，您對這幾類工具的大致評價如何？」

而如果客戶說：「我現在確實在考慮要不要再買一間房。」

你就可以說：

您這個想法很好，很多客戶在考慮退休規劃時都會想到買房這種方式。

這個案例的重點是，不管客戶有想法還是沒想法，你都可以客觀中立的立場跟客戶展開探討，從而探測出客戶的真實態度。

很多小夥伴在問行動型問題時，最容易犯的一個錯就是：詆毀競爭對手。只要客戶一提到競爭對手，一提到其他的解決方式，就忍不住打擊、否定、貶低，忍不住想踩上一腳，藉機抬高自己。

這種做法是非常要不得的。試想一下，如果客戶本身很認同你的競爭對手，那麼你的詆毀，會讓客戶非常反感，也會因此質疑你的格局和素質。你不僅達不到爭取客戶的目的，反而會讓客戶跟競爭對手綁得更緊了，因為他們產生了一種「同仇敵愾」的共鳴感。如果客戶本身不太認同你的競爭對手，那麼你的過度反應，反倒會讓客戶覺得，好像你的競

爭對手也沒那麼差,甚至會想起一些對方的優點。

那你應該如何應對呢?我們的策略是:反向用力,說反話。

比如客戶說:「我們買過××老師的課程。」

你一聽,這是競爭對手公司的人,千萬別脫口而出「那個老師不行,還被學員投訴過」等等。相反,你要這樣說:

「雖然我沒有聽過那位老師的課,但是我聽說那位老師很不錯,那次合作,效果應該很好吧?」

可能有的人會說:「如果這位老師很差,你這樣說不是很違心嗎?」其實一點都不會。因為,差不差,看用什麼標準來評價,看誰來評價。好和差,永遠都是相對的。

你這樣說完,客戶會怎麼回應呢?兩種:一種是,效果不好;另一種是,效果很好。

第一種情況,客戶說,效果不好。

你可別一開心,脫口而出:「是嗎?難怪我最近也聽說他口碑下滑了,原來是真的。」這樣的說法就顯得太著急了,會壓制住客戶繼續有聲有色爆料的欲望。相反,你可以提出合理的懷疑:

「不會吧?我聽說那位老師也是一位很有經驗的資深培訓師,不會出這樣的事吧?」

聽到你這樣說,會不會激發客戶跟你爆料的衝動?他可能覺得自己掌握了什麼別人不知道的小祕密,會有點想炫耀的小得意。這樣,你不就掌握更多競爭對手的資訊了嗎?

第二種情況,客戶說,效果很好。

你可千萬別掩飾不住你的失落,隨口來一句:「哦,那好吧。」一聽

語氣就知道你是多麼失望。相反，你要站在客戶的角度為他高興，甚至比他還興奮：

「那太好啦，我知道，培訓市場上老師雖然多，但是要找到一位真正能解決問題的好老師卻並不容易。那既然上次培訓效果那麼好，這次你們也依然會選用那位老師吧？」

可能客戶會說：「是的，我們會繼續選用他。」如果真是這樣，這就是客戶的決定，你也改變不了什麼。但是得到一個真相，總比一直被吊著強。當然，也不要客戶一說你就信，你可以用追問細節的方式，去探測一下這個說法的真實性。

而如果客戶說：「其實我們還是想換一下新面孔，讓我們的夥伴有點新鮮感。」

你的機會不就來了嗎？你可以順勢追問一句：

「不知道對於這位有新鮮感的老師，您的具體要求是什麼呢？」

你看，只要你善於反向用力，整個過程，你不需要去詆毀、貶低任何人，自有別人替你發聲、為你主持公道；也不需要主動去爭取任何機會，自有別人把機會送到你的面前。

一旦你悟透了這一點，天下哪有對手？全是朋友。天下哪有阻力？全是助力。

07　感受型問題：不是去改變，而是去發現

找不到不做的理由，做，才會成為必然。

非洲草原上，一頭獅子正在追趕一群羚羊。

獅子說：「今天我要不停地跑，追上跑得最慢的羚羊，吃掉他。」

羚羊說：「今天我也要不停地跑，避免成為跑得最慢的羚羊，這樣才不會被獅子吃掉。」

有好事者問獅子和羚羊：「這麼累，可以不跑嗎？」

獅子說：「不行，因為這樣我會餓死。」

羚羊說：「不行，因為這樣我會沒命。」

這段對話給你的啟發是什麼？

只有找不到不做的理由時，做，才會成為必然。

生活中，我們每個人每天都會做很多必須做的事，也會有很多想了很久、拖延了很久卻一直沒做的事。

必須做的事和可以拖延的事，區別究竟是什麼？

這裡要明確一點，這兩類事情都是有好處的，如果沒有好處，我們就不需要糾結了。但是，只有那些做了有好處、不做卻有重大損失的事，才會成為必做之事。而那些做了有好處，但是不做也沒什麼明顯壞處的事，就會被拖延。

人性都是追求快樂、逃避痛苦的。但是顯然，人們對痛苦更為敏感、更不容易忍受。

今天你撿到了 100 元，你會很開心；今天你掉了 100 元，你會很難受。但是沉下心來，仔細感受一下，哪個情緒波動更大？一定是掉了 100 元。你甚至會反覆沉淪在這個漩渦中，反覆思考到底怎麼掉的、掉在哪裡了，還能不能找回來？

購買行為也一樣。對客戶而言，如果擁有這個東西會更好，但是不擁有也沒什麼損失，客戶就會傾向於拖延，或者不擁有。但是如果，擁有這個東西會更好，不擁有則會有重大的潛在損失，客戶就會選擇擁

模組一　流程篇

有，甚至立刻擁有。因此，深度挖掘客戶「不行動的代價」，會成為推動銷售的重要路徑。這正是反向用力的極致體現。

這就引出了本節要重點講的「感受型問題」。

具體而言，就是問客戶不行動的後果和感受。本質是探討客戶的情緒動力，讓客戶的需求上升到痛點的層面，讓客戶的狀態從有一種想要改變的想法，上升到有一種想要改變的強烈情緒。

那具體要怎麼問呢？我見過有的人是這麼問的：「您有想過，如果不採取行動，會有怎樣的後果和影響嗎？您的感受如何？」

各位，道理是這麼個道理，但是你可不能這樣問啊，這樣的問法也太直白了點。

那麼到底該怎麼問？接下來我們舉例說明。

案例1：汽車銷售行業

你可以這樣說：

「您剛才說車子太小，一家人出行不太方便。我在想，您家不就一家三口嗎？車子應該夠坐啊。難道是孩子的爺爺奶奶經常跟你們一起嗎？」

客戶聽完會怎麼回答？兩種，一種是，是的；另一種是，不是。

如果回答是「是的」，你就可以跟他多聊聊關於父母的事，和一些關於孝順、旅遊之類的話題。慢慢地，痛感就可以被聊出來。因為人的行為背後必有動機，他既然想帶父母出來旅遊，換車也是為了父母，背後一定有情感的支撐。

但是如果回答是「不是」，那他也一定會告訴你，原因是什麼。因為

人是這樣的——你讓他直接告訴你答案，他未必願意說。但是如果你猜一個答案，無論猜對猜錯，他基本上都會回應你。對了他會認同，錯了他會糾正，反正他都會說點什麼。這樣聊下去，痛感自然就聊出來了。

案例2：房產銷售行業

你可以這樣說：

「雖然我是賣房子的，但是我個人覺得，你們家這個問題似乎也沒到非要透過買房來解決的地步吧？畢竟老人家過來住也是暫時的，又不是長期的。」

客戶聽完會怎麼回應？他可能會說：「你不知道啊，老人家過來，大家住在一起實在是太擠了。而且，老人家的生活習慣跟我們不太一樣，在相處中難免會發生一些矛盾。每次因為這樣的一些事情惹得母親不開心，我內心深處都覺得很對不起她老人家。」

有了這樣的一番話，痛感不就出來了嗎？

案例3：培訓顧問行業

你可以這樣說：

「張總，說句不該說的，我個人感覺，雖然您覺得團隊不專業，但是他們總體的業績表現還是不錯的，換成別的老闆，肯定是不會有動力來提升團隊專業度的，畢竟銷售團隊，結果為王嘛。所以，我很好奇，您是出於怎樣的考量一定要費時費力來提升他們的專業度呢？」

客戶聽完，可能會向你道出他這樣做的深層理由。比如：「其實這個問題，我確實已經拖了很久了，就是覺得業績還可以，沒必要提升團隊的內功。但是，其實我內心一直有一個想法，想把我的店做成高級代

模組一　流程篇

理。就在今年,我終於談好了一個高級品牌,產品線將會全面更新,客戶也會全面更新。在這樣的情況下,如果還是靠以前的那些做法,成交小客戶沒什麼問題,但是要成交大客戶,可就難了。」

案例4：保險行業

你可以這樣說：

「張小姐,其實我有一個小問題想請教您一下。坦白說,對於養老保險,很多客戶都覺得很重要,但是似乎都不緊急,好像早買晚買差別不大,我在想,您會不會也是一時心血來潮找我諮詢,之後可能就又擱置了呢?」

客戶聽完,可能會說：「其實,不瞞你說,我原先確實覺得這件事不緊急,慢慢來,挑好了再說。但是,最近一兩年,我老公的工廠一直在虧損,我也真的開始擔心未來的生活了。萬一把賺到的錢都賠進去了,下半輩子怎麼辦?所以我就想,如果能夠透過保險提前鎖定一些資產,總比什麼都沒有強點吧。」

看了以上4個案例的演示,大家在提出感受型問題方面應該找到一點感覺了吧?其實,提問的方式,就是反向用力,透過找到一個客戶不會買的理由,來試探客戶內心最真實的想法,以此提升購買行為的必要性和迫切性。

可能有的人剛開始用這樣的方式去提問時,心裡會有點虛,擔心如果客戶直接認同了自己的說法,那可怎麼辦?這不是搬起石頭砸自己的腳的嗎?

對於這個問題,我想說兩點：

1. 千萬不要高估了你對客戶的影響力

如果客戶的決定是合作，絕不會因為你給他找到一個「不合作的理由」就作罷。人生是他的，生活也是他的，他比任何人都想讓自己變得更好。你作為旁觀者都能輕而易舉看出來的問題，你覺得他作為主角會看不到嗎？他只會比你看得更深刻、更真切。

但是如果客戶在聽你這樣說完之後就真的認同你的說法了，不合作了，那就只有一個原因——他早就已經這麼想了，只是沒有告訴你。既然你說出來了，那就借坡下驢，把「功勞」歸你吧。你可不要傻乎乎地覺得，真的是你點醒了客戶。

所以，本質上，你的試探起到的作用，是讓客戶對自己的決定更加清醒，對 YES 更堅定，對 NO 也更從容，但是並不會從根本上改變客戶的決定。所以，請放心去試。

2. 用「目標引導」的方式再次測試客戶

如果客戶最終做出了不合作的決定，但是你總覺得這個決定不太認真、不太嚴謹，還有引導改變的空間，你就可以用「目標引導」的方式做進一步的測試。

什麼是目標引導？前面我們說過，客戶的痛點，不是藏在目標裡，就是藏在現狀裡。既然客戶覺得自己不需要，很顯然是認為現狀沒什麼問題。那既然現狀沒什麼問題，你又不能逼著客戶承認他有問題，你就可以引導客戶創造出一個目標。只要他認可了這個目標，基於目標和現狀的一體兩面，他立刻就會覺得，問題出現了。

比如客戶說：「我覺得你的說法也對，我們團隊的銷售能力還行，暫時不培訓也沒什麼問題。」

你就可以說：

「那真的很好。做培訓對於很多客戶而言，確實是一個大工程，組織起來不容易，如果沒什麼必要，輕易還是不要做。

所以我在想，現在是 6 月，到年底還有半年時間，以這樣的狀況發展下去的話，您的團隊到年底是肯定能完成全年任務的吧？」

這樣一說，客戶會怎麼回答？兩種答案：一種是，能完成，沒問題；另一種是，有點困難。

如果是第一種，客戶表示能完成，沒問題。無論他說的是不是真的，你都可以接著往下說：

「哇，太好了，真為您感到開心！那不知道您有沒有想過超額完成呢？

不瞞您說，在我接觸的客戶中，確實有一些客戶比較求穩，覺得能完成任務就行，不必給自己那麼大壓力。但是也確實有一些客戶，非常希望超額完成，因為他們很渴望透過短期的努力就能拿到升職加薪的資本，快速晉升。不知道您是想穩一些、慢一點，還是願意挑戰一下呢？」

這樣一測，就可以測出真相。如果客戶確實是想穩一些、慢一點，你也改變不了什麼，那就接受。如果客戶經過你這麼一提醒，他心中的那股想要拚一拚的衝勁，被你激發了，你的機會不就來了嗎？

如果是第二種，客戶覺得有點困難，這於你而言絕對是一個利好消息。這說明，客戶之前可能並沒有將自己的現狀和目標連繫起來思考過，經過你這麼一問，才意識到問題。那麼接下來，你就可以用「為什麼」為開頭展開對話挖掘痛點了。

當然，這裡需要重點提示一下，客戶真實的狀態，銷售人員基本上是改變不了的。

如果客戶骨子裡就是一個安於現狀的人，你想透過幾句話就把他改變為一個有高目標、高追求的人，不太可能。或許激勵大師可以做到，但是那也需要天時地利人和各種因素的加持。

但是如果客戶本來就很有上進心，只是因為某些原因產生了一種挫敗感，表面上看似乎沒有了銳氣，那麼你的話在時機合適的情況下，就很有可能重新點燃他的鬥志。不過，你要明白一點，之所以說「點燃」，是因為有火種。如果完全沒有火種，任憑你怎麼點，都是不可能點燃的。

所以，銷售人員要做的，不是去改變，而是去發現。發現真相，發現那些因為種種原因被客戶忽略的真相，才能對症下藥。

08　解決型問題：
　　不主動推銷，而是要協助客戶購買

客戶不希望你為他做主，客戶想自己做主。

一位女士來到一個家具商場，想買一套沙發。

她每走進一家店，銷售人員都會向她主動介紹：「我們這款沙發是×× 知名品牌產品、工藝很強、超級暢銷，有好多客戶喜歡……」剛開始聽還有點吸引力，但是聽了幾家之後，她發現銷售人員說的大同小異，慢慢地就沒什麼感覺了。

直到她走進一家店，銷售人員並沒有立刻緊跟其後、熱情似火地向她介紹，只是在她剛進門時跟她簡單打了個招呼，就讓她自己去逛了。等她逛了一會兒，在一款沙發旁停下來時，銷售人員才端著一杯水走過來，把水遞給她之後，這樣問道：

「這位女士，如果我沒猜錯的話，您應該是想選購一款沙發吧？其實

您今天一進商場我就注意到您了，我看到您已經逛了好幾家，不知道逛到現在，您有沒有看到相對滿意一點的呢？」

這位女士無奈地搖了搖頭。

銷售人員接著說：「我想，如果您還算信任我的話，可否跟我大致說說您家的裝修風格，如果有照片的話那就更好了，我幫您看看什麼樣的沙發更適合您。不敢保證一定會選到令您滿意的，但是我畢竟在這個行業工作了10年，至少可以從一個相對專業的角度，給您一些建議。即便最終我們店沒有適合您的款，您再到別家去選購時，效率也會更高一些，您說是嗎？」

經過這樣的溝通，結果可想而知，這位女士最終在這家店完成了一次滿意的採購。

這個故事給你的啟發是什麼？

有一句話是這樣說的：人們喜歡購買，但是不喜歡被推銷。意思就是，客戶不希望你為他做主，客戶想自己做主。

可能有的人有疑問了：「那萬一客戶不專業，他根本不會選，怎麼辦？」很簡單，透過你的溝通，讓他覺得，他是會選的。

這就引出了本節要重點講的「解決型問題」。

具體而言就是，詢問客戶的購買標準，以及滲透你的競爭優勢。目的是幫助客戶憑藉他自己的思考選出令他自己滿意的產品。

那具體該怎麼做呢？這裡提供兩種策略。

策略1：總結回饋式

如果在溝通中，客戶已經透露出他的一些要求和想法，那麼你就可以用總結的方式來跟他確認，比如你是賣車、賣房的，你可以這樣說：

「在剛才的交流中,您提到了幾個對車子/房子的要求,我做了一個記錄,我複述一下,您看看對不對?」

客戶回應之後,你再問:

「除此之外,您還有什麼需要補充嗎?」

這樣兩個問題問下來,會讓客戶覺得,既然你這麼清楚他的要求和標準,那麼你接下來就一定會按照這個標準來推薦,且你的推薦一定是符合他的需求的。

但是,如果客戶提的這些標準中,並沒有涉及你產品的優勢,你又該如何巧妙地提出來,以滲透自家產品獨特的競爭優勢呢?你可以這樣說:

「很多客戶會覺得……很重要,但是您卻一直沒有提到,是對這一點沒什麼要求嗎?」

你這樣問,會提醒客戶立刻注意到這一點,讓你有機會為客戶展示你的獨特優勢,尤其是那些客戶事先沒想到,但是對解決問題有極大幫助的優勢。

這樣的提問方式,是不是比你強力推銷好多了?表面上,你沒有在介紹產品,但是句句都在突出你產品的優勢。這樣會讓客戶覺得,他要的,正好是你有的。

策略 2:詢問標準式

如果你在跟客戶的溝通中,發現客戶的要求和想法不會太具體,無法直接總結,你就可以詢問客戶的購買標準,比如你是賣保險/課程類產品的,你可以這樣說:

「根據我跟客戶打交道的經驗,很多客戶在選購保險/課程的時候,

多多少少都會有一些自己的標準,他們會透過這些標準來判斷這份保險／這門課程是否適合自己。不知道您是否也有一些自己的標準或條件呢?」

這樣問,客戶基本上都會給出一些他自己的答案,那麼你就可以藉此找到一些他的標準和你的方案之間的關聯,讓他感覺,你的方案正好符合他的要求。

但是,如果有些客戶確實沒有想過這個問題,他自己也沒有什麼購買標準,那麼你就可以引導一下:

「很多有經驗的客戶通常會這樣選擇,不過也不一定適合您,您先聽聽看,看能否給您一些啟發?」

接著你就可以講一個和客戶同類型的其他客戶的故事,來啟發客戶的思路。

看到這裡,有的人可能會擔心:

「萬一客戶是有標準的,但是他的標準和我的產品完全不匹配,怎麼辦?」

比如賣房時,客戶要的樓層你們沒有;賣車時,客戶要的車子顏色你們沒有;賣保險時,客戶要的繳費期限你們沒有;賣課程時,客戶要的老師的類型你們沒有。

這裡我們先分析一下,出現這種情況,有兩個原因:

第一,客戶雖然有需求,但是確實不需要你的產品,因為你的產品解決不了他的問題。如果是這種情況,那麼你基本上只能放棄,做不了什麼。

第二,客戶不專業,他的標準根本就不對,或者不是最佳的,那麼你就可以用如下的「探詢動機」的方式,來啟發客戶修改標準。

比如，客戶說：「我們想找有同業背景的老師。」而你們沒有。

你就可以這樣說：

「我理解，確實，如果老師有同業背景，會更懂學員的實際銷售場景，會更有共鳴，這一點是非常重要的。

不過，我想您之所以會特別關注這一點，一定還有更深層次的考量吧，不知道您是否願意分享一下，您最主要考量的點是什麼呢？」

如果客戶回應說：「我希望課程可以拿來就用。」

你就可以說：

「原來是這樣。如果是這樣，何不直接看課程的落實效果，這樣不是更簡單嗎？我們有一些老師，沒有您這個行業的背景，但是卻輔導過您這個行業的客戶，效果還不錯。不知道您是否願意聽聽他們的案例？還是說，只要不是同業背景您都不會考慮？」

這樣，你就可以透過找到客戶行為背後的真正動機，為他匹配合適的替代方案。

模組一　流程篇

第四步
反向議價，輕鬆應對價格壓力

為什麼客戶喜歡討價還價？

因為客戶想要值得的感覺，

所以總想擠掉水分。

為什麼客戶即便決定買了也依然不夠爽快？

因為客戶想要便宜的感覺，

所以總想多要一點。

01　預算問題：別被動應對，要主動掌控

永遠不要去揣測客戶的實力，確認才是硬道理。

小張是一名保險代理人。有一次，他透過打陌生電話的方式接洽了一位企業老闆。後來，他去實際拜訪的時候，發現這名老闆的公司在郊外，他花了2個多小時才到達對方的公司。聊完之後，他覺得這位老闆很有實力，老闆也很認可他所說的保險理念，於是他就提出為老闆做一份計畫書，老闆同意了。回來之後，他估算了3個金額，做了3份計畫書，心想，提供3個選擇，總能成功一個吧。

於是，小張帶著3份計畫書，第二次約見了老闆。但是，當小張展示完計畫書，問老闆哪個更合適時，老闆卻說：「感謝小張，但是我這次並沒有打算買這份保險。因為我的公司現在還在負債經營，資金不是很充足，我只是想提前了解一下這方面的資訊。如果我的公司未來經營上

正軌了，我會再聯繫你的。」

小張傻眼了⋯⋯

這樣的事情在銷售中是不是挺常見的？因為前期沒有談錢，銷售人員總是一廂情願地認為客戶對產品有興趣就一定會買，最終在快要成交的時候才被告知「沒錢」，白白浪費了太多的時間和精力。

充足的資金是銷售成功的最重要因素之一，一個人再需要你的產品，但是他沒錢，也無濟於事。這個道理其實並不難懂，但是我發現，有些人即便知道也很難採取行動。他們的想法是：談錢傷感情，談錢顯得沒有人情味。

其實，在現代商業社會，如果談錢會傷感情，那頂多是小傷，不談錢最後傷感情的，才是大傷。比如情侶之間，感情好的時候不分彼此，一旦撕破臉要一拍兩散時，翻起舊帳，那才是「刀刀見血」。再如二人合夥做生意，生意小時很能共苦，等到生意做大，有錢分了，才發現分配制度並沒有定好，那時可謂傷筋動骨。

而在銷售中，我們遲早都要談錢的。既然如此，不如早談。

那多早比較合適呢？

如果可以選擇，最好在挖掘痛點之後。

為什麼是這樣的一個時間點？舉個簡單的例子：一瓶礦泉水，在超市賣，價格比較便宜。但是同樣是這瓶礦泉水，在一個旅遊景點賣，賣給一群沿途爬山卻沒有帶水的遊客，就可以更高的價格，如果這瓶礦泉水在沙漠裡賣，賣給一群在沙漠中長途跋涉的人，可能就能賣幾百元甚至更多錢。

到底是什麼決定了水的價格？絕對不是這瓶水本身，否則就無法解

釋3種場景下的不同價格。決定這瓶水價格的，是客戶的痛點。客戶的痛點越痛，他願意付出的價位就越高。

你充分挖掘痛點之後，就是客戶的痛感最強烈的時候。這個時候，客戶付錢的意願也是最強的。因此這個時候談錢，銷售人員會占據很大的優勢。

那是否可以在銷售過程的一開始就談錢呢？最好不要。因為，對於一個肚子完全不餓的人，即便你介紹滿漢全席給他，說打五折，他也未必願意買。

當然，不能選擇的情況，其實只有一種，就是客戶一上來就主動談錢。這個問題在我們反向成交的第一步「反向開場」中，就有非常明確的話術範例。忘記了的人，可以到前面的章節中複習一下，這裡就不重複了。

既然要談錢，那如何提出錢的事才會比較自然呢？很簡單，你可以這樣說：

「張總，剛剛我們一起探討了解決方案，達成了很多共識，您也給了我很多思路和啟發，非常感謝。您看接下來，我們談談預算，可以嗎？

不知道您在這個項目上的預算，大致是多少？您方便說說嗎？」

你說完這句話之後，客戶一定是有回應的。接下來，我們就專門來應對一下這些回應。

回應1：我們沒有明確的預算

如果客戶這樣說，到底反映了一種怎樣的心理？一種可能的情況是，他真的沒有明確預算。另外一種可能的情況是，這是他自我保護的表現。他會想：「如果我告訴了你，你不就會把價格往上提高嗎？」

針對客戶這樣的心理，我們可以釜底抽薪，直接挑破。你可以這樣說：

「我理解，張總，我之前也遇到過很多和您類似的客戶，他們心裡的確也沒有一個明確的數字。

只是，張總，您千萬別誤會啊，我之所以問您預算，絕對不是想要透過了解您的預算去盡可能多賺您的錢、去抬高價格，絕對不是的。我只是想了解一下，我們在價格方面是否匹配，如果匹配當然好，如果高了或者低了，我們再適度調整方案。反正要不要合作，決定權都在您，這一點不會變。

所以，張總，您願意告訴我一個您覺得比較能接受的價格範圍嗎？」

你這樣說了，客戶通常還是願意鬆一鬆口的。

回應2：我們的預算是……（非常低）

如果客戶真這樣說，核心思路是獲取真相。因為只有獲取了真相，你才好制定對應的下一步策略。你可以這樣說：

「張總，說實話，您的這個預算跟我們的產品價格差距確實有點大。

只是，張總，我想確認一下，這個預算是您真實的預算，還是說，是您開玩笑說出來測試我的？其實您作為客戶，有點戒備心理很正常。只是，您可能誤會我的意思啦。我絕對不是想要透過了解您的預算去盡可能多賺您的錢、去抬高價格，絕對不是的。我只是想了解一下，我們在價格方面是否匹配。如果匹配當然好，如果高了或者低了，我們再適度調整方案。反正要不要合作，決定權都在您，這一點不會變。

所以，您方便告訴我一個大致的價格範圍嗎？」

如果到了這一步，客戶依然堅持，這個就是最終的預算，而你完全

模組一　流程篇

接受不了。那麼你可以再一次試探客戶：

「張總，如果這就是您真實的預算，我可不可以理解為，我們在價格上確實沒什麼交集，合作的可能性其實已經不大了呢？」

這樣反向用力，主動提出「不合作」的可能性，以退為進，去測試客戶的態度。如果結果真是價格不匹配，你也只能接受，說明這就不是一個對的客戶。但是如果客戶也想試探你，那麼他看到你這樣的態度，大概心裡也會有所判斷了，正所謂兵不厭詐。

02　價格問題：別輕易降價，要有條件地讓步

值得的感覺＋便宜的感覺＝客戶迅速付款

你在旅遊景點買東西時，是不是也有如下的經歷？

比如，你想買一款手鐲，賣家要價5,000元，你殺價到2,000元，賣家沒怎麼討價還價就答應了。你心裡一定會想：「完了完了，買虧了，應該再砍1,000元的！」

但是，如果他說：「您也不看看這商品，怎麼可能是這個價格？要是這個價格，要不然我向您買吧，您有多少我要多少。」你心裡想：「看樣子，這個價格應該是最低了，要不然，再試試看？或許能成功。」於是你拚命跟老闆說好話，最後，老闆在你的糾纏之下，同意只加價200元，以2,200元的價格賣手鐲給你。

你拿到手鐲之後，心裡還很開心，覺得自己應該占到了便宜。

結果，晚上你遇到當地人，對方一看這手鐲，說這東西在他們這連500元都不值得。你傻眼了⋯⋯

這就是人與人之間在價格方面的一個博弈。

第四步　反向議價，輕鬆應對價格壓力

當然，這裡要澄清一下，上述小故事中的銷售方式明顯是一種欺騙的做法，是我的價值觀所不能接受的。事實表明，這種銷售方式基本也只會出現在各種觀光區，商家賺遊客的錢，一生賺一次，做不了老顧客的生意。如果是正經做生意，用這種方式肯定長久不了。這裡我只想聚焦人性，談談人在價格博弈中的不同心理狀態。

我們來思考一個問題：客戶為什麼喜歡殺價？

很多人會脫口而出：想要便宜。是的，沒錯。那為什麼明明是同類產品，比如包包，賣幾百元的並沒有比賣幾千元的賣得更輕鬆？甚至有時候，賣百元包包的店門可羅雀，賣千元包包的店門庭若市，賣萬元包包的店裡更是一包難求？當然，這裡面的影響因素有很多，但是我們不能忽視的一點是，無論客戶買的是包包本身，諸如材質、做工或設計，還是這個包包帶來的美好感覺，諸如尊貴、榮耀、眾星捧月，他都想要值得的感覺。

那如何判斷值不值得呢？最便捷的試探方法就是，跟銷售人員講價。

大部分客戶的心理是這樣的：如果一講價，銷售人員立刻就降價了，那這東西一定不值這個價格。因為銷售人員的輕易降價會讓他覺得，產品一定還可以再降價。所以你會發現，通常這種情況下，客戶都會要求你再降價，甚至會要求你一而再再而三地降價。

如果講價時，他磨了很久，你才肯降一點點，他就覺得這個東西應該是值這個價格的。因為你的為難彷彿在告訴他，你賺得也不多，請他高抬貴手。

但是，如果講價時你分毫不讓，寧可失去客戶都不肯降價，那他會覺得，這東西一定是超值的。因為他會想，哪有為了一點點的讓價就失

103

去更多利潤的人？如果真的這樣做了，那一定是因為，要麼價格是沒辦法再降的底價，要麼東西有著好到不能再好的品質，要麼就是價格是全球、全國統一價，反正自己買了都不會吃虧。

所以，客戶要的不是降價，而是你的產品值得這個價格。當然，值不值得不是由你討價還價的表現直接決定的，你的表現只是海面上的冰山一角，真正發揮決定作用的還是海面下的部分，即客戶的痛點。在痛點的層面塑造出值得的感覺，客戶才有付款意願。

同時，在價格博弈的過程中，你還會發現一種現象，那就是，即便客戶覺得你的產品值這個價格，有了付款的意願，但是有些客戶還是不會乾脆俐落地付款，還是會有點猶豫。但是，當你告訴他原價是多少，現在已經是很低的折扣，或者送贈品、優惠券給他，抑或延長服務期限、增加服務內容等等，他就會比較爽快地付款。這是為什麼？

這是因為，客戶要的不是便宜，而是便宜的感覺。你不得不承認，有些東西雖然很貴，但是卻賣出了便宜的感覺，而有些東西雖然很便宜，卻傳遞不出這種感覺。千百年來，商家營造這種感覺屢試不爽，客戶沉浸在這種感覺中不能自拔。雖然這種感覺，不太可能讓一個不需要你產品的客戶變得更需要你的產品，但是卻會讓一個需要你產品的客戶付款更爽快。

值得的感覺＋便宜的感覺，共同塑造了客戶極致的購物體驗。

當然，這裡需要提示一下，值得的感覺，是交易的本質屬性，它跟客戶的痛點直接相關，客戶越痛，買這個東西值得的感覺就會越強烈，而你對價格的堅守就會越有信心。而便宜的感覺，是交易的附加屬性，它能在客戶覺得值得的基礎上，發揮到一種加速度的效果。所以，只有值得，客戶可能不會那麼爽快，只有便宜，客戶可能不會那麼心動，值

得＋便宜，客戶才能迅速付款。

明白了這樣的心理之後，當遇到客戶討價還價時，我們該怎麼處理呢？

這裡我提供了五種策略，前四種是不降價的，最後一種是真的降價，你可以結合自己公司的價格政策，單一使用或者組合使用。

策略 1：澄清實情

澄清什麼實情呢？澄清你們無法降價的實情、澄清你們的價格是底價的實情。你可以這樣說：

「我理解，我們的價格的確不便宜，價格也的確不是我們的優勢。

我知道有些機構的價格策略是，先報出一個比較高的價格，後期再進行砍價。我們完全不是這樣的。我們報出的價格基本上都是實價，沒有什麼砍價的空間，跟我們合作的客戶也都是這個價格。

不知道這是不是意味著，由於價格上的不匹配，我們這次合作的可能性已經不大了呢？」

可能有的人會擔心，萬一這樣說完之後，客戶真的不考慮了，怎麼辦？

如果你這樣說完，客戶真的不考慮了，我大膽猜測一下，即便你降價，客戶依然很難滿意，最後還是會拒絕成交。

因為，雖然客戶糾結價格是常態，但是最終，客戶買的是效果，是為效果付費。所以，效果不好，才是一票否決制的。價格雖然很重要，但是只要在客戶的能力範圍之內，就不會是最重要的影響因素。更多時候，客戶糾結價格，不是擔心貴，而是擔心買貴了、當個冤大頭。

所以，如果你的產品效果真的很棒，客戶也非常認可，那麼你的試

探只會暴露他真正的態度，要麼他同意你維持原價，要麼他在原價基礎上再爭取一點好處，就是占到一點便宜。但是他絕對不會在你一開始試探的時候就撤退。

但是，如果你的產品效果稀鬆平常，客戶並不是特別滿意，只是沒有很明顯地表露出來，那麼只要價格談不攏，就容易立刻崩盤。這只是客戶借價格表達拒絕而已，他真正拒絕的不是價格，而是效果。因此，這樣的說法不會讓你失去一個真正的客戶，只會讓你得到一個更準確的客戶。

如果客戶真的拒絕了，而你還想進一步探究一下真相，你可以問問他拒絕你的原因。這樣說：

「張總，感謝您能如此坦誠地告訴我您的想法。只是，我感覺，除了價格方面，一定還有其他更重要的方面讓您做出了這樣一個決定吧？不知道您可不可以跟我分享一下，您最主要考量的點是什麼呢？」

如果客戶說了其他方面的顧慮，你就判斷一下，到底這個問題是誤會還是硬傷。如果是誤會，就解除誤會。如果是硬傷，那你也只能接受。

但是如果客戶說，就是價格的原因。你就可以結合公司的價格政策做個判斷，是只能放棄，還是可以在公司價格政策的範圍內優惠一點。

總之，重要的不是說什麼話術可以搞定客戶，而是獲取真相。因為只有獲取了真相，才有所謂的策略制定。否則，一切話術都只是「自嗨」、自欺欺人。

策略2：提示風險

什麼意思呢？客戶不是想要便宜嗎，但是便宜有風險啊，所以你可以跟客戶客觀闡明這個風險，讓客戶自己做出判斷。下面以裝修行業為例來說明。

你可以這樣說：

「我理解，其實您也不是第一位跟我這樣說的客戶了。

不過，相信您也知道，裝修是一個特別複雜的工程，涉及的環節和因素都非常多。或許有些同行會用低價吸引客戶，但是根據我的了解，他們中有的給出的其實不是真正的低價，而是在某些環節進行了一些特殊操作，反正客戶不專業、看不出來。這樣做的後果，就是導致客戶在後期居住的過程中，總會遇到各種問題，非常影響心情。

而我們公司，走的的確不是低價路線，而是品質路線，務求透過良心服務換來客戶的良好口碑，成為一家真正令客戶放心的裝修公司。

所以，即便您最終不選我們，可能我們也沒有辦法在價格方面做出更多讓步了。不知道這是不是意味著，我們之間合作的可能性，其實已經不大了呢？」

一定要大膽去測試。你要相信，真客戶，不怕試，但是假客戶，一試就現出原形。當然，前提是，你所提示的風險，確實是客戶在乎的，甚至是客戶的切膚之痛，客戶越痛，你的測試效果就會越好。

策略 3：降低配置

這個策略你可以理解為降價，因為價格確實降了。但是實質上並沒有降，因為配置少了。

這個策略比較適用於那種產品可以拆分、項目可以拆分的情況。例如，保險行業為降低保費而減少保額，培訓行業為降低費用而減少培訓內容和時間，都屬於這一類情況。

你可以這樣說：

「好的，我大概了解了。

「如果價格一定要降下來,那您看這樣可以嗎?我們在剛才聊到的這些問題中再仔細斟酌一下,哪些問題是需要優先解決的,我們就保留,哪些問題其實不是那麼緊急的,我們就往後放,您看行嗎?」

意思就是,把剛剛討論的痛點的解決方案再拿出來評估一下,減少一些內容,或降低一些配置。

其實,這一招也是一種試探,但是試探的重點不是「價格能不能接受」,而是「痛點是不是真的很痛」。如果痛點真的很痛,那麼客戶大機率不會同意「降低配置」這樣的安排。這樣就可以幫助我們再次確認客戶需求的迫切度和強度,為以後酌情使用其他策略提供了空間。

但是如果客戶居然同意這樣做,那就說明你在之前挖掘痛點的時候,可能挖掘得不是特別充分,客戶居然覺得有些問題不必處理、有些內容可以砍掉。這個時候,你就需要特別重視了。你最好不要順著這樣的思路往下走,而要重新回到挖掘痛點的環節,再一次去釐清客戶的問題和痛點,再一次去確認,到底是只是這個問題不夠痛,還是所有的問題都不夠痛。因為,如果痛點不扎實,成交環節肯定會出現各種問題。與其後期再處理,不如在發現時儘早處理。

策略 4:給予特權

這也是不降價的處理方式,但是會給客戶一些好處,也就是讓客戶占到一點便宜。

你可以這樣說:

「張總,我們能聊到現在,其實我非常感謝您對我的認可。

感情上我的確很想降價,但是我面臨的實際情況是,我真的無能為力。

「您看這樣可以嗎？我們能不能都別在價格上面糾結了，我們一起探索一下，還有沒有什麼其他的附加價值，讓您這一次的採購性價比更高一點，您同意嗎？」

如果客戶同意，接下來雙方就展開討論。如果討論有了一個大致的結果，你可以接著說：

「張總，我一定會幫您極力爭取這些附加價值，只是能不能爭取到，我真的不敢保證。

但是無論如何，還請您答應我一件事，就是無論結果是什麼，都請您給我一個明確的答覆，行就行，不行就算了，我都能接受。您看可以嗎？」

為什麼要這樣說？因為如果你不這樣說，萬一客戶對結果不滿意，或者覺得還是虧了，就很有可能要你再次去進行申請，這樣，事情就變得很複雜了。你還不如盡早堵上這個漏洞，這樣，只要幾天之後再跟他回饋結果，你就能拿到一個明確的答覆，不用總是懸著心。

其實，這招激發的就是客戶的「購買感性」。前面我們說過，購買的本質是感性衝動＋理性評估，這個策略特別適合那些在理性方面購買理由很充分，就是缺一點感性衝動的客戶。說到底，客戶要的不是便宜，而是便宜的感覺。只要你能夠讓客戶感覺到他占到便宜了，他就不糾結了，成交就順暢了。

策略 5：真的降價

如果你們公司有價格優惠，你就可以使用這招。

但是要記住兩個前提：

第一，一定要確認客戶的真實態度，確認他糾結的真的是價格，還

是其他。如果他糾結的是其他的點，只是借價格的說法表達出來，那麼即便你降了價，也不會成交。

第二，一定要對結果有明確的約定，要讓客戶知道，這是有且僅有一次的行為。

你可以這樣說：

「張總，我特別感謝您對我的信任，讓我們有了這次非常愉快的溝通。只是，我想確認一下，您是真的對我們的產品非常滿意，只是覺得價格太高呢，還是其實除價格之外，您還有一些別的顧慮點？

我的想法是，如果您對我們的產品還有一些別的顧慮點，您不妨現在就提出來。如果我們能解決，當然最好。如果不能解決，我們也不用在價格方面糾結了，您說是嗎？」

這樣設計的作用是，釐清客戶的問題。有顧慮，處理顧慮；沒有顧慮，再處理價格。在有顧慮的情況下急於處理價格，就是白處理。

確認客戶沒有顧慮了，只是在價格上卡住了，你就可以接著說：

「張總，說實話，我報給您的這個價格，的確是我這個層級可以給您的最低價。但是既然您跟我提出這個要求了，那我就嘗試著跟上司申請一下，看能不能再優惠一點。」

但是你這樣說，容易讓客戶抱有很大的希望，所以，你需要降低客戶的預期：

「但是，我還需要跟您提前說明一下，具體能不能拿到優惠，以及如果能的話，最終能優惠多少，我真的不敢保證。不過您放心，我絕對會全力以赴去爭取，畢竟我也非常希望能做成您這一單。」

最後，鎖定結果：

「只是，我也希望您能幫我一個忙，就是在您得知結果之後，無論結果是什麼，都請您一定給我一個明確的答覆。行就行，不行就算了。我盡力了，任何結果我都能接受。您看可以嗎？」

這樣步步為營地設計降價策略，你的降價才有意義，也才會有效果。

最後，在價格處理方面，我要提醒兩點：

1. 千萬不要輕易讓步

這裡所說的讓步，不僅指價格本身，還泛指一切可以給予客戶的優惠。如果你不想陷入無休止的討價還價，你就要拿出你的堅持，拿出你的態度，明示或者暗示客戶，讓客戶在心裡慢慢調高自己的價格預期。

2. 即便要讓步，也應讓客戶付出一定的代價

千萬不能讓客戶覺得，這樣的優惠很容易拿到，這樣客戶就不會太珍惜。

那要讓客戶付出什麼樣的代價呢？比如前文的案例中，你需要向上司去申請的行為，就是客戶需要付出的代價。客戶具體付出的是等待的時間。再如，得知結果之後，客戶需要給你一個明確的答覆，也是他需要付出的代價。他具體付出的是，不能無限期地拖延，而要當場做出決定，或者確定明確的答覆時間。另外，你還可以與客戶商量，如果拿到價格優惠，可不可以請他幫忙介紹幾個客戶給你等等。

總之，代價是什麼不重要，客戶的舉手之勞都行，重要的是讓客戶知道，讓步不容易，從而讓他對你的要求適可而止。

模組一　流程篇

第五步
反向決策，明確化關鍵決策標準

如果你不想要「商量商量」，

請務必弄清楚，

決策人到底是誰。

如果你不想要「考慮考慮」，

請直接告訴客戶，

你要的是 YES 或 NO。

01　明確決策人：避免理所當然，要主動甄別

找對人，才能辦對事。

你買水果的時候會不會有這樣一種感覺：如果你喜歡吃甜的橘子，你會傾向於買黃皮橘子而不是青皮橘子。雖然試吃之後發現，兩種橘子一樣甜，一樣好吃，但是在你的感覺中，青皮橘子好像總是還沒成熟的或者酸的。

這就是刻板印象。刻板印象主要是指人們對某個事物形成了一種既定的看法，就直接把這種看法推而廣之，認為這類事物都具有該特徵，忽視了個體差異。

刻板印象有正向的一面，也有負向的一面。正向的一面表現為，在對於具有許多共同之處的某類人，在一定範圍內判斷時，可以不用探索資訊，直接按照已形成的既定看法即可得出結論，這就簡化了認知過

程，節省了大量的時間和精力。負面的一面表現為，刻板印象以偏概全、忽視個體差異，在需要精準判斷的時候，往往會導致錯誤的結論，致使據此制定的策略失效。

銷售中也一樣，判斷到底誰是決策人，絕對不能根據你對家庭、對公司、對職場的某些刻板印象得出結論，否則你一定會追悔莫及。

在判斷誰是決策人這件事情上，很多人存在如下兩個失誤：

第一，他們會把看起來像決策人的那個人，直接當成決策人，而不進行甄別。

比如，有些人會想當然地認為，一個家庭裡負責賺錢的男主人肯定是決策人，卻沒想到負責在家帶孩子的女主人才是決策人。還有的人會想當然地認為，企業老闆肯定是決策人，卻沒想到企業的副總才是真正的決策人。

第二，即便他們問了客戶，但是聽到客戶比較含糊的回答，諸如「大概、應該、也許、可能」之類，帶著模糊的資訊就去成交了。可想而知，成交的風險會有多大。

其實，決策這件事，每個家庭、每個公司都不太一樣，不能一概而論。作為銷售人員，一定要有甄別的意識。由於找錯決策人導致最後丟單的案例數不勝數。

那具體要怎麼甄別呢？接下來舉例說明。

案例1：汽車銷售

你可以這樣說：

「張先生，看得出來您對這款車還是挺有興趣的，也很有誠意，但是根據我服務客戶的經驗，很多客戶都還是會跟家人商量一下再做決定的，

主要也是體現一下對家人的尊重,我想您這邊的情況也差不多吧?」

主動丟擲「和家人商量」這個石子,投石問路,你就知道他們家是什麼情況了。如果他說:「這事不用商量,我們家我說了算。」你就知道,他是決策人。但是如果他說:「差不多吧。」你就知道,決策人可能另有其人,或者至少是共同決策。

案例2:幼兒培訓課程銷售

你可以這樣說:

「張小姐,看得出來您對這個培訓班很有興趣,但是根據我服務客戶的經驗,通常為孩子報名培訓班這樣的事情,一般的家庭都還是需要夫妻倆商量之後再共同決定的,不知道你們家是怎樣的一種情況呢?」

主動丟擲「夫妻倆商量」這個石子,投石問路,那麼,到底需不需要他們夫妻商量再決定,就一目了然了。

案例3:To B銷售(面對企業老闆)

假如你做的是To B業務,直接面對企業老闆,你就可以這樣說:

「張總,雖然您是企業老闆,說話一言九鼎,但是根據我服務客戶的經驗,通常這樣的一個項目,大多數公司的老闆都還是會跟管理階層商量之後才會做出決定的,我想你們公司也差不多是這樣的吧?」

主動提出「跟管理階層商量」這個問題去測試。如果他說,不需要,當然就簡單了。但是如果他說需要,那就說明,你還需要面對他公司的管理層。

案例4:To B銷售(面對項目接洽人)

假如你做的是To B業務,面對的是項目接洽人,你就可以這樣說:

「張經理,根據我服務客戶的經驗,我們這次在談的這個項目,對貴

公司來說也不算是一個小項目,不知道貴公司除您以外,後續還有哪些其他決策人會一同參與進來呢?」

主動提出「其他決策人」這個問題,這樣一問,你就大概知道這家公司的決策情況了。

可能有的人會擔心:萬一客戶明明可以自己決定,卻因為我的提醒去跟家人商量、去跟團隊商量,結果家人不同意、團隊負責人不同意,而搞砸了,怎麼辦?

溫馨提示:千萬不要高估了你對客戶決策的影響力。

如果客戶是個人決策,絕對不可能因為你提醒了他,就變成群體決策,或找人商量,甚至還用別人的意見來左右自己,這絕對不可能。

如果客戶是群體決策,也絕對不會因為你刻意不提醒這件事,就突然變成個人決策,他自己一個人就可以做主,這也不可能。

但是如果你感覺,客戶本身是決策人,也許並不需要和別人商量,但是在經你提醒去商量之後,回來卻告訴你,因為家人不同意,因為管理階層不同意,因為某人不同意,無法合作了,你可丫萬別信。因為不合作的真實原因只有一個,就是他自己改變主意了,不關別人的事。他這樣說,只是不想過於直接而傷了和氣,換了一種表達方式來拒絕你。也就是說,拒絕你的,不是別人,正是他自己。

所以,你需要做的是,處理客戶本人的態度,而不是讓你的提醒來為你背這個鍋,因為實在是冤枉。

那如果客戶表示需要和別人商量,你接下來該怎麼辦呢?當然是請他引薦新人。

可能有的人立刻就有了疑問,尤其是 To C 銷售的人會覺得,自己要多見一個人,太麻煩了,可不可以讓面前的這個客戶,自己去搞定其他

115

模組一　流程篇

決策人呢？

我的建議是，除非你不太在乎這筆訂單，或者這筆訂單的金額太小，不值得你花太多精力，抑或你實在見不到人、無法約見，否則，一定是你親自接洽其他決策人更為穩妥。To B 銷售的小夥伴那就不用說了，一定是非常清楚這一點的重要性的。如果見不到最高決策人，這個訂單就只能碰運氣。

那具體怎麼請求引薦新人呢？

引薦新人有三個要點，分別是：確認態度、提出引薦、正式約見。

可能有的人看到「確認態度」時，又有點疑惑了：對方這麼一路聊下來，也沒表示拒絕，如果真的拒絕了，也到不了這一步，這不就是他的態度嗎？為什麼還要再確認一次呢？

其實，客戶的態度通常有三種：支持、反對、中立。不反對，並不代表一定是支持，也有可能是中立。因為人群中有些人，本來就不擅長拒絕別人。還有的人覺得，反正不是自己做主，自己也只是牽線搭橋的，沒必要那麼不給別人面子，所以，態度含糊，保持中立。

但是，你想像一下，一個中立的人，會真心幫你引薦真正的決策人嗎？答案是，絕對不可能。

首先，他自己都是一半認同、一半否定的態度，又怎麼可能有動力去幫你引薦呢？其次，其實他的態度也多少會反映出真正決策人的態度。如果他貿然幫你去引薦，最終他的老闆也覺得不合適，還怪他辦事不力，那他不是自找麻煩嗎？所以，如果你的接洽人只是持中立態度，他是絕對不會真心實意幫你去引薦的。即便答應了，最終也是「各種忙、約不到」的結果。

第五步　反向決策，明確化關鍵決策標準

這個時候，你需要做的第一件事，就是確認他的態度。如果是支持，皆大歡喜。如果不是，就要想辦法先搞定他。搞定之後，接下來就很順暢了。

那請求引薦的話具體要怎麼說呢？我們分 To B 和 To C 銷售的情形來舉例說明。

案例1：To C 銷售的客戶

你可以這樣說：

「特別感謝您願意去跟太太商量一下。只是，我想確認一下，如果我沒理解錯的話，到目前為止，您個人的態度應該還是傾向於支持我們的吧？」

很明顯，這段話的目的就是測試態度。所以，聽完這段話之後，客戶通常會出現兩種反應，一種是支持，另一種是不支持。當然，不要光聽字面意思，要注意結合客戶的語音語調和微表情，聽出背後的潛臺詞。其實只要你留心，判斷起來並不難。

如果客戶的態度是支持的，你可以接著說：

「感謝您的支持。那我可不可以了解一下，您打算如何跟太太商量呢？」

他肯定沒想過這個問題，他覺得商量不就是直接商量嗎，難道還要做準備、打草稿嗎？但是他肯定會有點好奇，你就可以接著說：

「沒有冒犯您的意思哦。只是根據我多年服務客戶的經驗，我發現夫妻雙方由於資訊不對稱，關注點往往是不一樣的，雙方通常沒有辦法說服彼此。

您看這樣可以嗎？可否幫忙引薦一下您的太太，我們三人一起交

模組一　流程篇

流？如果她詢問一些專業方面的問題，我也方便解答。」

這段話的亮點在哪裡？為請求引薦找到了一個充分的理由，「由於資訊不對稱，關注點往往是不一樣的，雙方通常沒有辦法說服彼此」，這樣，就為你順利請求引薦鋪平了道路。當然，理由還有很多，可以根據不同的客戶、不同的銷售場景找到不同的理由，但是重點是，一定要有，並且合情合理。

如果客戶聽完之後，有點顧慮，沒有立刻回答，你可以接著說：

「不過您放心，這次的交流，絕對不是為了說服她，只是起到一個交換資訊的作用。即便交流結束，你們決定不買，也沒有任何關係，我會充分尊重你們的決定，絕不會浪費你們的時間。您看行嗎？」

這樣，你能約到人的機率是不是就大很多了？

如果客戶的態度是不支持，你需要做的就是，詢問客戶不支持的原因，你可以這樣說：

「看來，您對我們還是有一點顧慮的。其實，有顧慮很正常，我非常理解。

只是，不知道我是否可以了解一下，您真正顧慮的點是什麼呢？請千萬不要誤會啊，我絕對沒有強迫您的意思。我只是想，如果您的顧慮是一個誤會的話，那我們也好解釋澄清一下。但是如果您的顧慮確實是一個我們解決不了的問題，那我也會明確告知您，並主動退出和您的合作，絕對不會浪費您的時間。所以，您方便跟我說說嗎？」

這樣的一段話，非常誠懇，沒有給客戶任何死纏爛打的訊號，一般情況下，客戶還是願意告訴你他的顧慮的。你再根據他的顧慮，決定下一步的行動。這裡的重點是獲取真相。因為只有獲取了真相，你之後的策略才可能是有效的。如果你獲取的本身就是假資訊，又何談真策略呢？

案例 2：To B 銷售的客戶

如果你想讓經理為你引薦老闆，你可以這樣說：

「張經理，我想確認一下，如果我沒理解錯的話，到目前為止，您個人的態度應該還是傾向於支持我們的吧？」

如果對方表示支持，你可以接著說：

「特別感謝。根據我跟客戶合作的經驗，通常一個這樣的項目要最終確定，都是需要大老闆親自拍板的，貴公司應該也是如此吧？

您看可不可以幫我一個小忙？就是幫忙引薦大老闆讓我認識一下？畢竟我們這個項目說大不大，說小不小，如果老闆連供應商的面都沒見過，他心裡大概也是不踏實的，您說對嗎？」

如果這樣說完之後，客戶就同意了，當然是最好的。如果客戶有點猶豫，你可以接著說：

「我就是覺得，如果由於沒有考慮到老闆的關注點而搞砸這次合作，確實很遺憾，同時我們也會覺得很對不起您，白白耽誤您這麼長時間。所以，不知道您是否方便呢？」

有沒有發現，這個理由很巧妙，明明是我方自己的損失，卻暗示這也是接洽人的損失。這就把接洽人的立場悄悄地跟我們的立場綁在一起。而且，這樣輕微的連結也不會引起對方反感，反而會提醒對方意識到，自己也確實花了很多精力，如果最終能促成，自己對老闆、對公司是有功勞的，在供應商這裡，也有一個人情。

同理，如果客戶不支持，一定要弄清楚原因，搞定他再說。具體話術可以參考 To C 銷售的案例。

如果客戶同意引薦了，接下來就到正式約見環節了。

在這個環節，過去線下培訓的時候，我被問得最多的問題就是：拜訪決策人，銷售人員到底應該說什麼？

很簡單，挖掘痛點。挖掘痛點的目的，就是讓對方有動力去做出改變。如果你約見決策人的目的就是爭取決策人的支持，那麼你只有挖掘痛點，才能達到目的。反之，只是閒聊一下，或者簡單做個彙報，甚至直接進行產品介紹，都是不可能達到目的的。

那具體要怎麼做呢？同樣是使用挖掘痛點的五類問題：目標型問題、現狀型問題、行動型問題、感受型問題、解決型問題，來一遍即可。

可能有人又要問了，這些問題我跟接洽人已經聊過了，難道要重來一遍嗎？

當然不是。每個人有每個人的痛點，每個角色有每個角色的痛點，每個層級有每個層級的痛點。你拜訪的是決策人，那麼你就需要站在決策人的角度來重新審視你們的合作，了解對決策人而言，痛點是什麼，然後據此設計五類問題的具體問法。主題都是挖掘痛點，但是角度不同，深淺不同。

其實，不止是銷售領域，其他的領域，比如職場領域、社交領域、夫妻關係領域、親子關係領域，只要你想說服一個人做某事，只要你想改變一個人的行為，你就需要去挖掘痛點。只是，你不需要每次都一板一眼地把五類問題全部走一遍，而要根據實際情況，進行一定的壓縮或擴展，但是本質不變，宗旨不變，一定要撬動對方心中那個「不得不做這件事」的痛點，對方才可能做出你希望他做出的行為。

或許有人又要追問了：那我不了解決策人的痛點怎麼辦？

這就需要你提前做功課去了解了。說白了，這樣的約見，本質上就

是一次銷售面談，銷售對象就是這個大老闆、決策人。你可以理解為，它是整個大的銷售流程中的一次小的銷售流程。只是，它比普通的銷售流程占了一些優勢，那就是有人為你引薦，而且引薦的人支持你。但是至於拿下大老闆，卻實實在在是一次銷售的過程，而不是一次普通的對話。

如果能從這個層面來理解拜訪決策人的過程，我相信你就知道該怎麼做了。

02　明確決策資訊：別含糊其辭，要堅定有力

讓終極約定為你的成交保駕護航。

小明和小剛比賽下象棋，小明輸了，不服氣，於是他說：「不行不行，我們再比。」小剛答應了。

結果，小明又輸了，他還是不服氣，說：「不行，我還是不服，我們再比。」這個時候小剛說：「那我們這次說好了，三局兩勝定輸贏，不許悔棋、不許賴皮，否則我就不跟你玩了。」

三局過去，小剛贏了，小明願賭服輸。

這樣的小故事在生活中是不是很常見？

這個小故事告訴我們，任何遊戲，如果規則不明確，就會導致結果不明確。

這跟銷售有什麼關係呢？

其實，銷售本質上也是一場遊戲，是一個你跟客戶不斷博弈的遊戲。如果你沒有跟客戶約定好明確的遊戲規則，那數不清的「考慮考慮」、「商量商量」、不理不睬、不了了之，就會成為你的家常便飯，而在

這個過程中，你可能會被折磨得心力交瘁。如果你不想遭遇這些，請務必明確遊戲規則。

但是請注意，這絕對不是讓你逼迫客戶成交，相反，明確規則是在告訴客戶：你可以接受我，也可以拒絕我，但是請明確告知。

那具體怎麼做呢？我們用「終極約定」來實現。

終極約定本質上就是我們前面一直在講的事先約定，只是因為它出現在銷售的後期，又極其重要，所以我們習慣上叫它終極約定，它和事先約定的性質是一樣的。

那要約定什麼呢？一句話，成交需要什麼，這裡就約定什麼。

也就是說，客戶到底要看到什麼、要了解什麼、要掌握一些什麼樣的關鍵資訊，才能做出決定，那我們就在這裡約定什麼。約定的基本要素依然是：時間、地點、人物、內容、結果。

當然，具體要約定什麼，每個行業是不一樣的。有的就是做個方案說明，有的是產品試用，有的是實地考察。比如，賣房，就是實地看房；賣車，就是試駕；賣護膚品，就是試用；賣保險，就是講解計畫書；賣課程，就是呈現方案；賣工業品，就是現場測試等等。

本質上，這就是一次對成交的約定。意思是告訴客戶，這一步完成之後，就是成交。

這裡需要特別提示一下，只要客戶不同意終極約定，無論是時間、內容、還是結果，都一定要處理到他同意為止，才能進行下一步，尤其是對結果的約定。因為，如果客戶不同意對結果的約定，說明客戶對最終的成交還沒有做好準備，他心中肯定還有顧慮。如果你對這個顧慮視而不見，那麼這個顧慮就很有可能成為你這一單無法成交的最終原因。

所以，與其把這個顧慮拖到後面再去處理，不如提前處理。再嚴重的事情，只要提前面對，殺傷力就會減弱很多。

因此，如果你不希望你的訂單進入遙遙無期的等待和拖延中，那麼，最好和客戶達成百分之百的共識，讓終極約定為你的成交保駕護航。

接下來，我們分情況舉例說明。

情況1：由銷售人員先提出決策資訊，再請客戶補充

這種方式適用範圍很廣，通常適用於有行業慣例或者通用做法的情況。

具體而言，你可以這樣說：

「張總，如果我沒理解錯的話，到目前為止，您應該都是比較認同我們的方案的，對嗎？」

如果客戶認同，就繼續。如果不認同，就一定要找出客戶的顧慮，解決之後再進行下一步：

「那接下來我們這樣安排，您看可以嗎？

我會按照我們之前形成的共識，給您出一個終極版方案。然後，我們再約個時間溝通，針對這個終極版方案的一些細節內容，進行最後一次確認。您看行嗎？」

如果客戶同意，就再約定時間：

「那您覺得，這個溝通的時間定在什麼時候會比較方便呢？」

內容和時間都約定好之後，就約定最後的結果：

「最後，我還想請張總您幫我一個小忙，就是請您在結束之後，能夠給我一個明確的答覆，可以是決定合作，也可以是決定不合作，都沒

有問題。但是千萬不要是『考慮考慮』這種比較含糊的回答。因為，如果您真的這樣答覆我了，我會覺得很為難，不知道該怎麼辦才好。如果跟進，我擔心打擾您，如果不跟進，我又擔心怠慢您。所以，能否請您幫我這個小忙，在結束的時候給我一個明確的答覆呢？」

這樣說完，就牢牢鎖定結果了。當然，如果客戶不同意，我們就不能著急往下走，需要處理其顧慮之後再進行下一步。

情況2：請客戶先提出決策資訊，再由銷售人員補充

這種方式適用於一些非標品的銷售，或者客戶要求比較高的情況。

具體而言，你可以這樣說：

「張總，如果我沒理解錯的話，到目前為止，您應該都是比較認同我們的方案的，對嗎？

不知道接下來您是否願意投入一些時間和精力來評估一下我們的方案呢？」

稍等客戶回應，再往下說：

「我可不可以先問一下，過去對於類似的項目，您這邊通常會用什麼樣的方法來評估、大概是一個怎樣的過程呢？」

如果客戶有想法，就先記錄客戶的想法，有不同意見可以在客戶講完之後再補充。

如果客戶暫時沒有想法，你可以接著說：

「我也接觸過很多和您類似的客戶，他們通常是這樣做的，您先聽聽看，看有沒有參考價值……」

把你的想法透過這樣一種方式講出來，啟發客戶也可以這樣做。達成共識後，再接著說：

第五步　反向決策，明確化關鍵決策標準

「最後，我還想請張總您幫我一個小忙，就是請您在結束之後，能夠給我一個明確的答覆，可以是決定合作，也可以是決定不合作，都沒有問題。但是千萬不要是『考慮考慮』這種比較含糊的回答。因為，如果您真的這樣答覆我了，我會覺得很為難，不知道該怎麼辦才好。如果跟進，我擔心打擾您，如果不跟進，我又擔心怠慢您。所以，能否請您幫我這個小忙，在結束的時候給我一個明確的答覆呢？」

有沒有發現，這樣約定下來，你的心，就穩了，有那麼點勝券在握的感覺了？

當然，在進行終極約定的過程中，客戶可能也會提出一些異議，接下來我們逐一解析。

異議1：我可能給不了你確定的答覆，我還想對比一下

客戶說要對比，一定是內心還有顧慮，否則他為什麼要對比？所以，你的處理策略就是，解除他的顧慮。你可以這樣說：

「我理解，買東西嘛，確實需要謹慎一點，貨比三家是正常的。

只是，我在想，您之所以想要對比，一定是因為我們的產品在某一點上令您不是特別滿意，不能很好地解決您的問題。如果真的是這樣的話，不知道您是否可以告訴我，究竟是哪一點讓您不太滿意呢？」

如果客戶有點猶豫，你可以接著往下說：

「我的想法是這樣的，如果是誤會，那我會為您解釋澄清一下。但是如果真的有問題、我們確實沒有辦法達到您的要求，那我會明確告知您，並且主動退出與您的合作，絕對不會浪費您的時間，您看可以嗎？」

假如客戶告訴你他的顧慮，你就有機會去處理。處理完之後，再次

跟他進行終極約定就好。

但是假如客戶含糊地說：「等我對比之後再說。」你就可以跟客戶約一個回饋的時間，到時候根據回饋結果再決定下一步行動。

異議2：我們公司內部可能還需要再商量一下，不能那麼快答覆你

這個問題其實就是關於回覆時間的再次約定。你可以這樣說：

「我理解，完全沒問題。

那您看這樣可以嗎？您預估一個大致的時間，無論您這邊最終的決定是什麼，是決定合作，還是決定不合作，都可以。到了這個時間點，您都派人給我們一個明確的答覆，您看可以嗎？」

總之，原則就是：如果客戶不同意終極約定的內容，絕不進入後面的方案呈現環節。

第六步
反向呈現，用痛點凸顯產品價值

什麼樣的產品介紹才會讓客戶驚喜興奮？

請記住，千萬不要直接介紹產品，

要為產品提一個問題，

要為產品講一個故事，

要為產品找一個場景，

要為產品塑一個痛點。

01 用心呈現：
不是基於產品特色，而是基於客戶痛點

挑戰場景越痛，產品越鮮活，客戶越尖叫。

在銷售領域，直到現在，都有很多人依然在用 FABE 的邏輯來介紹產品。

這套邏輯應對低單價商品或簡單型銷售還行，但是如果應對高單價商品或複雜型銷售，效力會大大減弱，甚至完全失效。

到底什麼是 FABE 呢？ FABE 指的就是：F —— 特點（Features）、A —— 優勢（Advantages）、B —— 利益（Benefits）、E —— 證據（Evidence）。

比如，介紹一款冰箱時，使用這樣的話術：

「(特點)這款冰箱最大的特點是省電,它每天耗電才 0.35 度,也就是 3 天才耗 1 度電。

(優勢)很多其他的冰箱每天耗電都在 1 度以上,品質差一點的可能每天耗電達到 2 度。

(利益)假如 1 度電 0.8 元,這款冰箱 1 天可以省約 0.5 元,1 個月就可以省約 15 元,特別省電。

(證據)這款冰箱為什麼那麼省電呢?因為它的輸入功率很小,才 70 瓦,相當於 1 個電燈泡的功率。而且,這款冰箱銷量也非常好,您可以看看我們的銷售記錄。假如合適的話,我就幫您試一臺機。」

你覺得上面這套說辭如何?

乍一看還覺得挺不錯的,表述清晰、明確,還用了諸如數字和類比這些比較好的呈現技巧。但是細細品味一下,總覺得缺乏一種觸動人心的力量,讓人覺得雖然哪都對,但就是勾不起特別強烈的購買欲望。尤其是,如果同行都在這麼說的話,就更令人無感。

而客戶在購買的時候,往往感覺是最先被觸發的,有了感覺,才會再找理性的理由作支撐。但是如果感覺沒有在第一時間被觸發,再多理性的理由,也是發揮不了什麼實質性的作用的。

問題到底出在哪兒呢?

大家有沒有發現,FABE 裡面的具體內容基本是正確的,但是結構上卻有一個致命的硬傷,那就是以自我為中心。無論是特點、優勢還是利益,都沒有與客戶的實際情況產生任何結合或交集,有一種浮於表面、不接地氣的感覺,還有一種無論客戶接受與否、認同與否都強加給客戶的感覺。這樣做的結果就是,如果說錯了,客戶會有明顯的反感、牴觸,如果說對了,客戶也會是一種不認同也不反對的態度。

那到底要怎麼進行產品介紹呢？

挑戰場景＋客戶利益。

這是一個完全以客戶為中心的結構，銷售人員透過對挑戰場景中的痛點描述，與客戶產生極強的共情。可以說，挑戰場景越痛，產品就越鮮活，客戶就越尖叫。說到底，客戶不是為你產品的優秀買單的，而是為解決自己的問題、達成自己的目標而買單的。你的產品再厲害，如果這些厲害的點跟客戶產生不了直接的關聯，客戶大多只會「隨便聽聽、不置可否、微笑路過」。只有這些點跟客戶產生了關聯，尤其是強關聯，客戶才會「全神貫注、興奮不已、驚喜尖叫」。這就是結構的力量。內容還是那個內容，但是結構一變，結果有著天壤之別。

其實，這個結構也是最頂尖的企業家在產品釋出會上都在使用的結構。接下來我們舉例說明。

案例 1：史蒂夫‧賈伯斯（Steve Jobs）在 2010 年釋出 iPad 時的產品介紹（節選）：

現在我們每個人都在使用筆記型電腦或智慧型手機。最近出現的問題是，在兩者間是否有第三類設備的空間，介於筆記型電腦和智慧型手機之間的東西，它比筆記型電腦與人更親密，比智慧型手機功能更強大。我們已經思考這個問題很多年了。

要真正創造這樣一個新的設備類別，我們發現門檻相當高。因為這個設備必須在完成一些關鍵任務方面做得更好。什麼樣的關鍵任務呢？比如瀏覽網頁、收發電子郵件、欣賞和分享照片和影片、欣賞音樂、玩遊戲、閱讀電子書等。如果有第三類設備，它必須在這些任務上做得更好，否則它就沒有存在的理由。

模組一　流程篇

可能有些人認為，這就是一個電子閱讀器。問題是，電子閱讀器在任何方面都沒有優勢。它們速度很慢，它們有著低品質的顯示器，它們執行笨重的舊電腦軟體。它們在任何方面都比不上筆記型電腦，它們只是更便宜，它們頂多算是廉價的筆記型電腦，我們不認為它們是第三類設備。

但是我們認為自己已經有了第三類設備，今天我們想首次向你們展示它，我們稱之為 iPad。接下來讓我為你們概述一下。

iPad 的使用感受是非凡的。你可以用它來瀏覽網頁，這絕對是你所擁有的最好的瀏覽體驗。看到整個網頁就在你面前，你可以用手指操作，這是令人難以置信的方式，比筆記型電腦更好，比智慧型手機更好。你可以把 iPad 轉到任何你想要的方向，上下左右，它會自動調整。你使用它，既可以看到網頁的區域性，也可以看到整個網頁，就在這裡，把網際網路握在你的手中。

如果你想回覆郵件，你可以輕易看到你的收件匣，只需把 iPad 轉到一邊，就可以看到你的郵件的不同檢視，按下編輯視窗，鍵盤就會自動彈出，它幾乎跟真的鍵盤一樣大。

你可以展開你的相簿，看看你所有的照片，翻閱它們，這裡內建了一些很棒的投影片形式，這是與朋友和家人分享照片的絕佳方式。你可以看到你 1 個月的活動或 1 天的活動，以及其間的一切。

iPad 也為你的聯繫人內建了一個很棒的地址簿，有一個非常出色的地圖應用程式，它可以顯示衛星檢視，放大建築圖片。

iPad 也是你欣賞音樂的絕佳工具，我們在 iPad 中內建了 iTunes 商店，你可以在裡面搜尋音樂，你也可以購買它。電影、電視節目、iTunes，一切都內建在 iPad 中。你可以在上面觀看 YouTube 的高畫質影

片,用它來看電視和看電影更是超讚。

想像一下,在 2010 年,在那個連智慧型手機都還沒有普及的年代,你正好在釋出會的現場親耳聆聽這段演講,你感受如何?你一定是感到非常震撼的。這裡雖然只用了文字呈現,魅力已減弱大半,但是依然難掩其光芒。

接下來我們梳理一下這段文字的結構。

不難看出,它的結構其實就是「挑戰場景＋客戶利益」的擴展,共有五步,分別是:提出問題→挑戰場景→現有解決方案→新的解決方案→客戶利益,接下來我們具體分析一下。

第一步,提出問題。「有沒有介於筆記型電腦和智慧型手機之間的第三類設備,比筆記型電腦與人更親密,比智慧型手機功能更強大?」成功吸引客戶的興趣。

第二步,挑戰場景。如果有的話,它需要在處理關鍵任務諸如「瀏覽網頁、收發電子郵件、欣賞和分享照片和影片、欣賞音樂、玩遊戲、閱讀電子書」方面更出色,否則就沒有存在的理由。這樣的高標準說出了觀眾的心聲,和觀眾形成了共鳴。

第三步,現有解決方案。透過對電子閱讀器的描述,明確指出電子閱讀器不過是一臺廉價的筆記型電腦,絕不是符合要求的第三類設備。把觀眾心中僅有的解決方案擊碎,進一步吊足觀眾的胃口。

第四步,新的解決方案。告訴大家,「我們創造出了這樣的第三類設備,它叫 iPad」。

第五步,客戶利益。陳述客戶在新設備上獲得的具體利益,包括瀏覽網頁、收發郵件、欣賞照片、檢視衛星地圖、欣賞音樂和影片,和前

面的問題形成了首尾呼應。

這樣五步下來，劃時代的第三類設備 iPad 驚豔亮相，引起了所有人的尖叫。

你有沒有發現，真正關於產品的介紹是從第四步才正式開始的。但是你可以想像，如果沒有前面三步的鋪陳，直接從第四步開始，將會是一個多麼令人遺憾的產品展示，那些讓你屏息凝神、尖叫喝采、驚奇感嘆的瞬間將不復存在，或許你也會有一絲興奮，但是絕對達不到震撼的程度。然而，當有了前面三步的層層鋪陳之後，這個其貌不揚的 iPad，居然具有了一種石破天驚的顛覆性，似乎通體都在閃閃發光。

案例 2：2013 年釋出某公司對電話功能的介紹（節選）：

我們在設計產品的時候，一個同事提到，人生有些遺憾在於錯過了應該接的電話。他講完這句話之後，我們腦海裡就出現了很多的鏡頭，各式各樣的因為錯過了電話而造成的遺憾。我問他們，你們覺得最遺憾的是什麼？

開發組覺得最遺憾的是，中午飢腸轆轆的時候訂了麥當勞午餐，到該吃晚餐的時候還沒有送來，因為他壓根就沒有聽見麥當勞送餐員的電話。有了痛苦的經歷之後，我們做了第一個功能設計──「30 秒未接聽，鈴聲自動放大」，這樣就確保了你能聽見重要的電話。然而，這個功能做完以後，我們辦公室電話鈴聲此起彼伏的，大家煩得不行，於是，我們又設計了「接起電話的一瞬間鈴聲自動減弱」，大家覺得這個功能怎麼樣？

人生更大的遺憾在於接了不該接的電話。我們創業 3 年，很忙，好不容易放個假到國外度假，結果來了一通陌生電話。我忍住了不接，他

過一會兒又打過來了，我想了想，就接了，怕人家有什麼重要的事情，結果人家問：「你的房子賣不賣？」這個時候，我的心情無法用語言來形容，整個心情都被破壞了。所以我們決定做「標記陌生電話」，也鼓勵網友標記：這個是仲介，這個是廣告，這個是騙子。這樣你接到陌生電話的時候，一下子就知道它是什麼電話，有了這個功能以後，大家舒服了很多。

但是，什麼電話接、什麼電話不接，還是一個難題。有個朋友跟我說：「你們的手機有沒有這種功能，就是我可以只接通訊錄裡某些人的電話？因為我很忙，每天有很多人騷擾，能不能不接他們的電話？」每個人都有很多的想法，告訴我各式各樣的意見，後來我就做了一個攔截電話的工具。反正你是攔一個人也好，攔一群人也好，是全部不接也好，還是只接某些人的電話也好，這個功能全部都支持。甚至你可以不接某人的電話，只看他的簡訊，或者你只接他的電話，不看他的簡訊，這些都可以設定。

還有一種場景：有時候你在路上、在公車上，接到一個重要的電話通知你在什麼時間、什麼地點，開什麼會、做什麼準備，這個時候你手忙腳亂，怎麼辦？去找筆記本、找一張紙、找一支筆記下來嗎？這時，首先你可以馬上錄音，其次你可以立刻啟動便籤，馬上開始在便籤上記錄。這是兩種非常好的方法。開發組還設計了一個功能，可以指定聯繫人，他一打電話你就錄音。有了很多通訊記錄之後，有時候你的錄音和便籤不好找，於是我們又把錄音、便籤與通訊記錄合併到一起了，這樣更方便尋找。

還有個好用的功能是什麼呢？是用智慧搜尋聯繫人，因為我通訊錄裡有 2,000 多個人，我最痛苦的就是找人，我相信很多人都有這樣的痛

苦。但是你如果用智慧搜尋，你可以只輸2個字或3個字，就可以迅速找到人。

你要是輸入「信用卡」，你還會發現驚喜，你會發現所有信用卡公司的電話都能查到；你要是輸入「麥當勞」，馬上就顯示麥當勞的電話；你要是輸入「肯德基」，也會顯示肯德基的電話。這些常用的服務熱線我們都已經內建了，這樣你就不用隨身帶著電話簿了。你要訂酒店的房間、訂機票，什麼電話你都可以找得到，我們這個功能叫「超級黃頁」。

介紹「聲控拍照」功能時，他這樣說：

聚會總是需要合照，遺憾的是你可能找不到攝影師。現在我終於明白我為什麼要做手機了，因為人生總有很多遺憾。所以我就決定自己做了。

所有人站好以後，喊一聲拍照，手機就自動拍照了。

以上的片段中，都是按照「挑戰場景＋客戶利益」的結構來講的。

第一個功能，「30秒未接聽，鈴聲自動放大」。挑戰場景是：程式設計師中午飢腸轆轆的時候訂了麥當勞午餐，到該吃晚餐的時候還沒有送來，因為他壓根就沒有聽見麥當勞送餐員的電話。

第二個功能，「標記陌生電話」。挑戰場景是：到國外去度假，來了一個陌生電話，你接了，結果人家問你的房子賣不賣，好心情瞬間被破壞。

第三個功能，「電話攔截」。挑戰場景是：「你們的手機有沒有這個功能，我可以只接通訊錄裡某些人的電話？因為不想總被人騷擾。」

第四個功能，「電話錄音和便籤」。挑戰場景是：你在路上或在公車上，接到一個重要的電話，需要記錄與會議相關的重要資訊。

第五個功能,「智慧搜尋聯繫人」。挑戰場景是:用其他品牌手機的時候,通訊錄裡有 2,000 多人,最痛苦的就是找人。

第六個功能,「超級黃頁」。挑戰場景是:尋找熱線電話,以及訂酒店、訂機票。

第七個功能,「聲控拍照」。挑戰場景是:在一個頗具歷史意義的時刻,卻因為拍照時找不到攝影師幫忙而沒有辦法得到一張包含所有成員的合影。

如果平鋪直敘地講手機的這些功能,就太乏味、太瑣碎了,觀眾聽著聽著就感到疲倦了。但是這種講法,讓每一個功能都生動了起來,讓觀眾在他的講述中一邊感受著同樣的困擾,一邊收穫著更大的驚喜,這些小功能不知不覺就深入人心了。

從上面的案例可以看出,無論你的產品是什麼類別,呈現產品最有效的方式,一定是站在客戶的角度,將你產品的賣點融入客戶能夠感同身受、共鳴的挑戰場景中,讓客戶發自內心地認同和肯定你的產品。

02　迎接結果:不要模糊考慮,而要 YES 或 NO

明確的結果是管理出來的。

當你向客戶呈現方案之後,就需要有一個結果了。

那什麼樣的結果才是可以接受的呢?當然是 YES 和 NO。

YES 代表著成功,這很好理解,但是為什麼 NO 也是可以接受的結果呢?

因為如果你在前期的溝通中每一步都做到位了,NO 這個結果就代表著,客戶經過了深思熟慮,依然覺得這次合作不太合適,無論是基於怎

樣的原因，這都是非常正常的。而你得到結果之後，除了詢問原因、總結經驗教訓，最好的做法就是盡快收拾心情，投入下一個目標。所以，NO 是一個快刀斬亂麻、不再浪費你時間精力的好的結果。

那不能接受的結果是什麼呢？「考慮考慮、商量商量、對比對比」，最後不理不睬玩失蹤，這些才是最讓人崩潰的，不給你結果，拖著你，讓你的內心承受巨大的煎熬，銷售程序陷入停滯狀態。

怎麼做才能得到一個明確的結果呢？有兩種方法。

一種是預防法，另一種是治療法。

預防法的核心是前面講過的終極約定，它可以把問題通通扼殺在搖籃裡，讓它們連出現的機會都沒有。治療法的意思就是問題出現之後再給出應對措施。

如果你前期已經做好了終極約定，你就可以在講完方案之後這樣說：

「張總，方案我已經為您講解完了，不知道您還有什麼想問我，或者想進一步明確的嗎？」

如果客戶有問題，你就解答，沒有，就繼續：

「您之前也答應過我，會在方案講解完成之後給我一個明確的答覆。所以，我想問一下，不知道您現在的決定是什麼呢？」

正常來說，如果你的終極約定做得比較扎實，客戶也是明確表示過同意的，這段話說完之後，至少有 80% 的客戶會給出明確的答覆。

但是，也有可能因為你前期工作做得不夠扎實，或者客戶臨時反悔，還是無法得到明確的答覆，這時候，你該怎麼辦？我們可以用治療法來應對。我整理了 3 個常見的問題，下面依次來解答。

問題1：客戶說要考慮一下，如何應對？

我們先分析一下，客戶為什麼要考慮？

可能是他還有顧慮，暫時做不了決定。如果是這個原因，當然是最好的。但是這也可能是拒絕的訊號，客戶這麼說只是不想傷了和氣。如果是這個原因，那麼你成交的可能性已經不大了。

針對這個問題，這裡提供兩種策略。

策略1：詢問顧慮

你可以這樣說：

「買東西嘛，謹慎一點是好事，考慮考慮是非常正常的。

只是，我感覺，您應該是對我們的產品還有所顧慮，但是沒有直接說出來。

其實沒關係的，您有任何顧慮都可以直接告訴我。如果能解決，我會盡量幫您解決。如果不能解決，我也會非常坦誠地告訴您，絕對不會給您任何壓力，也不會浪費您的時間，您看行嗎？」

這樣一番說辭，讓客戶把心中顧慮的點告訴你，你就可以對症下藥了。

當然，如果客戶的回應是：「我確實想要再慎重考慮一下。」你就可以使用策略2。

策略2：測試態度

你可以這樣說：

「好的，我理解，那就請您費心啦。

只是，我有一種感覺，不知道對不對。我總覺得，其實您已經做出了決定，不會再考慮我們了。只是您人特別好，不願意直接告訴我讓我

模組一　流程篇

失望，所以才用這樣的方式來委婉表達，不知道我猜得對嗎？」

如果你很誠懇地說出這番話，客戶一般是願意給你一個明確的態度的。

如果客戶對於這個問題的回覆是「我確實不打算購買了」，你就可以接著說：

「好的，沒有問題。既然您已經做出了決定，那我也就不再繼續推薦了。只是，在談話的最後，可否請您幫我一個小忙？可不可以請您告訴我，您之所以做出這個決定，真正考量的點，究竟是什麼？我也想不斷地提升我們的服務品質，以便未來再為其他客戶提供服務的時候，能夠更加心中有數，不知道您可以幫我這個小忙嗎？」

知道被拒絕的真實原因，你才會有可靠的下一步。要麼絕地反擊，抓住最後的機會，挑戰客戶的錯誤認知，看看能否讓這筆訂單起死回生。要麼感覺到回天乏術，那就果斷放棄。只要你已經付出了百分之百的努力，就沒什麼可遺憾的了。

但是，如果客戶說「還是等我考慮一下再說」，你就可以跟客戶約一個大致的回饋時間，這樣說：

「好的，我完全理解。只是，我可不可以問一下，您大概需要多久才會有一個結果呢？您別誤會啊，我沒有催您的意思。只是，我確實有點不好把握，擔心太早問了打擾您，太晚問，又太怠慢您。所以，我想知道一個大致的時間。」

問到大致時間之後，你按照時間跟進即可。如果問不到時間，你也可以自己預估一個大致的時間去問一下。雖然，根據經驗，這種情況下成交的可能性不大。不過，既然你已經做了所有你能做的事，那麼，謀事在人，成事在天，坦然接受就好。

問題2：客戶說要對比一下，如何應對？

其實這個問題跟上一個問題有點像，原因差不多，策略也差不多。所以將上面的兩個策略，修改一點措辭之後，基本可以直接使用。

但是，因為客戶提到了不同的關鍵詞「對比」，所以，我們也可以使用如下策略。

策略：協助對比

你可以這樣說：

「我理解，買東西嘛，確實需要謹慎一點。

我想冒昧地問一下，您是已經看過其他家，想要更仔細地對比一下，還是目前還沒有看過，正準備去看一下其他家呢？」

你問出這個問題，客戶可能有點意外或牴觸，所以接下來，你可以解釋一下你的意圖：

「您別誤會啊，我的意思是，如果您已經看過其他家，不妨我們在這裡就拿出他們家的方案，進行一個簡單的對比。如果我的方案確實不如人家，那我會自願退出，不再浪費您的時間。如果您還沒有看過其他家，那我今天在這裡，也可以協助您簡單梳理幾個您最關注的指標，這樣您再去做對比的時候，就能輕鬆很多。您看行嗎？」

為了進一步降低客戶的顧慮，你可以接著說：

「您放心，您最終選不選我們都沒有關係。只是，我作為行內人，願意為客戶做點力所能及的事情。不知道您同意這麼做嗎？」

你看，你非常真誠，也非常坦蕩，真正會去做對比的客戶十有八九會答應你的。

模組一　流程篇

如果客戶堅持自己去做對比、暫時不麻煩你，你就可以測試一下他的態度，爭取到一個 YES 或 NO 的結果就好。

問題 3：客戶說要和家人商量一下，如何應對？

其實，如果在前面的決策環節你做得比較扎實，基本是不會遇到這個問題的。但是如果你做得不夠扎實，或者客戶反悔了，我們也可以在這裡處理一下。

我們來分析一下原因，為什麼會產生這個問題？不外乎兩個原因，他可能是真的想要商量一下再做決定，也可能是在委婉地傳達拒絕的訊號。

針對這個問題，上文問題 1 的「詢問顧慮」和「測試態度」兩種策略都可以使用。除此之外，再補充一種策略。

策略：請求引薦

這裡再強調一下，不要指望由接洽人去搞定關鍵的決策人，除非實在見不到決策人。你可以這樣說：

「感謝您願意去和家人商量一下。只是，我想確認一下，如果我沒理解錯的話，到目前為止，您個人的態度應該還是傾向於支持我們的吧？」

先確認客戶的態度。如果客戶的態度是不支持的，或者含糊的，那「和家人商量」就只是個擋箭牌，不需要搞定，搞定他就好。但是如果客戶的態度是支持的，你就可以接著說：

「冒昧地問一下，您打算跟家人怎麼說呢？因為說實話，我也接觸過很多客戶，夫妻倆由於立場不一樣，關注點往往也是不一樣的。很多時候，雙方很難說服彼此。

第六步　反向呈現，用痛點凸顯產品價值

您看這樣可以嗎？不如，您引薦您的家人讓我認識一下，我們 3 個人一起做個簡單的交流。如果您家人是支持的，當然很好；如果您家人不支持，我也會充分尊重你們共同的決定，絕不會因為這件事讓您為難。不知道您同意這麼做嗎？」

如果客戶還是不願意引薦，你也應當理解。畢竟這牽扯到客戶的家事，每個人的家庭情況都不太一樣，這時你可以跟客戶約定一個回饋的時間，這樣說：

「沒關係，我完全理解。

那您看，大概多久之後會給我一個準確的答覆呢？可以是決定購買，也可以是決定不買，都沒有問題，我會充分尊重您和您家人的決定。

我只是擔心，怕問早了打擾您，問晚了又有點不禮貌。所以，想知道一個大致的時間。可以告知一下嗎？」

問完之後，你就不需要總是天天懸著心等結果了，到了約定的時間去問一下結果即可。

當然，如果客戶說，有結果了會告訴你。你可以看情況，看是否適合再主動建議一個時間，或者 1 週，或者 2 週。如果不適合，你也可以先答應客戶，過了 1 週或 2 週來問一下結果。總之，原則就是，只要還沒成交，就一定要有個明確的下一步，不能是沒結果的狀態。

以上所有策略的核心就是一句話：要麼 YES，要麼 NO，絕對不要「考慮考慮」。

模組一　流程篇

第七步
反向成交，讓客戶簽單不悔

怎麼做才能防止客戶反悔？

給他一次反悔的機會。

怎麼做才能讓客戶願意轉介？

讓他成為滿意的客戶。

01　簽約之後：別興奮過度，要防範反悔

想讓客戶無悔，請給他一次反悔的機會。

小王是一名保險業務員。有一次，他剛簽完單，從客戶家裡出來。由於過於興奮，他直接從客戶家的二樓樓梯三步併作兩步地跳了下來，跳的過程中嘴裡還說著：「終於成功了！」因為速度太快，他跳到一樓的時候差點撞到了一位正要上樓的陌生人。

這位陌生人是客戶的朋友。他一進客戶家門，就聽客戶說，剛剛買了一份保險。於是這位朋友就問：「業務員是不是剛剛走？」客戶說：「是啊，你怎麼知道？」於是朋友就把在樓梯口發生的那一幕順口告訴了這位客戶。沒想到客戶聽完，突然感覺哪裡不對了，他覺得業務員那麼興奮，會不會是賺了他太多錢，這筆訂單是不是有什麼問題。於是，他當即撥通了小王的電話，說自己剛剛考慮不周，還是決定不投保了。結果，就因為這樣一個小小的細節，一張本來簽好的單沒了。

類似這樣的客戶反悔的事件在銷售中屢見不鮮。雖然原因各不相

同,但是客戶在剛剛簽完單時,確實是有一定的反悔機率的。尤其是,如果這單是在一種比較感性的氛圍中成交的,當客戶恢復理性時,就特別容易反悔。

所以,簽約之後的重要一步,就是為成交「上一把鎖」。

這個鎖究竟怎麼上呢?怎麼做才能防止一個人反悔呢?

其實,防止一個人反悔最好的方式,就是給他一次反悔的機會。

如果你給了他一次光明正大反悔的機會,而他也確實反悔了,那麼對於你而言,也是好事。因為你可以及時找到原因,即時進行補救。但是,如果他當時沒有反悔,而是成交了,事後想了想,又想反悔,他可能就會覺得,人家明明給過自己一次機會,自己沒有把握好,如果再反悔不太好,因此會打消這個念頭。這是人的正常心理。當然,可能也有給了機會沒反悔,最後又反悔的客戶,但是那畢竟是小機率事件,我們就忽略不計啦。

明白了這種心理之後,我們具體應該怎麼做呢?

反向用力,為對方找到一個合情合理的反悔理由。

接下來我們舉例說明。

案例1:反悔理由是,競爭對手干擾

你可以這樣說:

「張總,非常感謝您對我的信任和支持。但是我確實還有一個擔心的地方,方便對您說說嗎?

我遇到過這樣的情況,就是在我離開之後,競爭對手公司的人跑來找到我的客戶,跟他們說了一些話。由於客戶對一些重大的決策通常也

會持比較謹慎的態度,所以每次碰到這種情況,客戶很容易一下子就被他們的話鎮住了。我很擔心我們後續也會出現類似的狀況。

所以,我的想法是,如果您對這筆訂單還有任何疑慮的話,不妨現在就提出來,我們交流一下,您看行嗎?」

如果客戶還有疑慮,他就一定會提出來,這樣你就有了現場補救的機會。但是如果客戶沒有疑慮,那就說明,客戶確實想清楚了,這筆訂單就會十拿九穩了。

案例 2:反悔理由是,身邊朋友勸阻

你可以這樣說:

「張總,非常感謝您對我的信任和支持。但是我確實還有一個擔心的地方,方便跟您說說嗎?

我遇到過這樣的情況,就是在我離開之後,我的客戶跟身邊的朋友提起這筆訂單,有的朋友出於好心,會從他的認知角度發表一些觀點。由於客戶對一些重大的決策通常也會持比較謹慎的態度,所以每次碰到這種情況,客戶就很容易猶豫不決。我很擔心我們後續也會出現類似的狀況。

所以,我的想法是,如果您對這筆訂單還有任何疑慮的話,不妨現在就提出來,我們交流一下,您看行嗎?」

案例 3:反悔理由是,客戶臨時變卦

以銷售課程為例,你可以這樣說:

「張總,非常感謝您對我的信任和支持。但是我確實還有一個擔心的地方,方便跟您說說嗎?

其實您訂的這兩天課程的時間,也有一位客戶想訂。但是因為我先

接洽的是您,所以我把時間優先安排給您。您定了之後,我才會去安排別的客戶的時間。

所以,我有點擔心,萬一我回絕了那位客戶,您這邊的培訓又延期或者取消了,我對那位客戶有點不好交代。

所以,我的想法是,如果您對這筆訂單還有任何疑慮的話,不妨現在就提出來,我們交流一下,您看行嗎?」

其實,理由不止這三種類型,還可以有很多,關鍵是合情合理。這樣,你就可以測試出客戶的真正態度,成交就穩了。

在這裡,有的小夥伴可能會提出這樣一個問題:會不會有這種可能性,就是客戶都沒想到這個點,我一說,反倒提醒了客戶,讓客戶猶豫了,甚至最終取消合作,那我的提醒不是畫蛇添足嗎?

對這個問題我們可以這樣理解:你的訂單絕對不會因為你多說了一句話或少說了一句話而產生決定性的變化,關鍵是客戶的內心有沒有這樣想。種子不在你這裡,種子在客戶的心裡。你能做的,只是澆水、施肥,只是順勢而為,最多是推波助瀾。

如果客戶的內心本來就有顧慮,你當面點破的好處,就是你可以在現場即時處理。但是如果你沒有當面點破,而是任由這個顧慮在客戶的內心發酵,那麼等他最終做出決定時,可能就會是一個板上釘釘、無法逆轉的決定,到時候你就再也做不了什麼了。

而如果客戶的內心沒有顧慮,那麼你的提醒頂多就是讓客戶再一次確認了自己的選擇,也是一件好事。同時還會讓客戶覺得,你這個人實誠、可靠,會對你增加一分好感。

所以,請大膽地去測試吧!

> 模組一　流程篇

02　自然拓客：不終止交易，要開啟轉介

客戶滿意，就是轉介的最好時機。

客戶開拓的重要性，我想不用我強調，做銷售的你一定也非常清楚。但是你知道在開拓客戶時，什麼樣的方式是成本最低、效果最好的嗎？

那就是轉介紹，來自滿意客戶的轉介紹是最好的拓客方式，沒有之一。

所以，不要把轉介紹當作一件「想起來就做、想不起來就不做」，或者「缺客戶了就做、不缺客戶就不做」的事，而要把轉介紹這個步驟納入銷售流程的閉環中。也就是說，如果這件事沒做，就意味著你這次的銷售工作還沒有完結。

那具體什麼時候才是轉介紹最好的時機呢？

交付項目或產品後，客戶表達滿意的時候。當然，客戶表達滿意，有可能是你主動詢問的，也有可能是客戶主動表達的。這個時候，就是獲得轉介的最好時機。

你可以這樣說：

「張總，能讓您成為我的客戶，我真的感到特別榮幸，再次感謝您。

只是，我一直有一個小問題想向您請教一下，其實我感覺剛開始的時候，您對我們的產品好像興趣不大，我很好奇，究竟是什麼原因讓您最終下定決心與我們合作的呢？」

只要客戶一回答，就等於他自己告訴自己，也提醒了自己，他是很滿意你們的，你們是很不錯的。然後你可以繼續說：

「非常感謝您的認可,我一定會努力為您提供最優質的服務。

張總,有一個不情之請希望您不要介意。您能幫就幫,暫時幫不上也沒有關係。

不知道您身邊是否還有一些比較熟的朋友、同學,或者供應鏈上下游的合作夥伴,也和您面臨同樣的問題,所以有可能會需要我們的服務?如果有的話,您是否願意給我幾個名單?我可以嘗試著跟他們聯繫看看,希望也能夠幫他們解決問題。」

上面這段話有三個要點:

1. 請求轉介紹的前提是獲得客戶比較高的滿意度

當然,這有賴於你們的交付確實是令客戶滿意的。所以,轉介紹這件事其實不是孤立存在的,不是說幾句提前準備好的話術就可以搞定的,而是建立在有真正效果之上的。有了這個效果,轉介紹就是一句話的事,沒有這個效果,再高明的技巧都無濟於事。

2. 消除客戶的轉介紹壓力

比如上面話術中的「您能幫就幫,暫時幫不上也沒有關係」,這樣的話可以在一定程度上消除客戶的轉介紹壓力。這種設計其實跟「解除成父」類似,就是客戶擔心什麼,你就提前消除什麼,讓客戶可以更安心。

3. 為客戶劃定一個轉介紹的大致範圍

比如上面話術中的「比較熟的朋友、同學,或者供應鏈上下游的合作夥伴」就是一個大致的範圍。當然,你也可以根據更適合你產品的客戶人群設計更適合的範圍。為什麼要劃定大致範圍呢?因為如果你讓客戶在轉介紹這件事上費腦筋去思考,客戶就很有可能會因為暫時想不起

來，用「以後想到再跟你說」這樣的話搪塞過去。而如果你讓客戶覺得，很輕易就能想到適合轉介紹的人，替你轉介紹完全是舉手之勞，那麼你當場獲得名單的可能性就會變得很大。

兼顧以上三點，相信你會獲得一個不錯的結果。

模組二
能力篇

模組二　能力篇

建立信任力

為什麼有的客戶特別配合、有的客戶特別抗拒？

除了性格的原因，就是對你信任度的不同。

信任你的客戶，

如同戴了一副美顏鏡，

會有意無意地美化你及你的產品。

不信任你的客戶，

如同戴了一副放大鏡，

會無時無刻不在質疑你及你的產品。

01　安撫：別強硬直白，要柔化溝通

指責激起對抗，安撫讓人順從。

一位媽媽看到自己5歲的孩子摔倒之後哭了，說：「走路要看路，不要東張西望，快起來。」

另一位媽媽看到自己5歲的孩子摔倒之後哭了，說：「這樣摔下去，一定很痛吧？來，勇敢一點，站起來。」

第一位媽媽就是只講道理的媽媽，第二位媽媽就是會安撫的媽媽。

一位妻子看到自己的丈夫因沒有得到上司專業能力的評價而沮喪，說：「你也不想想，公司那麼多人，怎麼可能輪得到你？」

另一位妻子看到自己的丈夫因沒有得到上司專業能力的評價而沮喪，說：「我特別理解你的感受，你為此準備了整整1年，現在希望落

空，心裡肯定很不是滋味。不過沒關係，雖然上司暫時還沒發現你的才華，但是你在我心中一直是一名非常優秀的專業人士，我相信你的實力一定會被看到的。」

第一位妻子就是只講道理的妻子，第二位妻子就是會安撫的妻子。

到底什麼是安撫呢？

安撫就是對他人表達安慰、理解、認同、肯定等。

安撫帶給他人的心理作用是，讓他人感到「我是對的」。

你可千萬別小瞧這4個字，它的威力簡直超出你的想像。無論你有沒有覺察到，我們每一個人在內心深處，都擁有這個信念，而且根深蒂固。這個信念幾乎是一個人賴以生存的最重要的信念之一。其實這很容易理解：如果一個人連自己都不認為自己是對的，他還怎麼立身處世呢？因此，意識到這一點，幾乎對所有人際關係，包括夫妻關係、親子關係、職場關係、社交關係，都會產生巨大的影響。

可能你會說，但是人會犯錯，也會認錯啊，這又怎麼解釋？其實，「我是對的」這個信念，與承認自己有錯或者改正錯誤，一點都不衝突。因為這裡的「我是對的」，不是指具體的某種想法或行為，而是指一種對想法和行為的自由選擇權。

意思就是，只要是我主動選擇的，而不是別人強加給我的，那我就是對的。即便選錯了，在當時的我看來，沒覺得錯，那我就是對的。即便我認錯了，那也是我自己願意承認錯誤的，所以，我也是對的。

但是很多做銷售的人，卻嚴重忽視了這一點，或者說，他們完全沒有意識到需要去保護客戶內心的這樣一種訴求。只要客戶的想法跟自己不一致，他們就本能地否定客戶、打擊客戶，最終導致贏了辯論，卻輸了訂單。

模組二　能力篇

那銷售人員到底應該怎麼做到安撫呢？

請記住一句話：所有的說服，都是從認同開始的。

如果你無法認同對方，那麼你連跟對方對話的機會都不會有。我們要做的，就是用一種認同客戶的方式去改變客戶。這句話乍一聽有點自相矛盾，其實不然。這句話要表達的意思是：我們在跟客戶的溝通中，句句都是認同，沒有一句不認同，但是卻總能透過各種角度的啟發，讓客戶自己意識到他是需要改變的，並且他也心甘情願做出改變。這個策略，就叫安撫。

這裡總結了 5 個常用話術技巧，分別是：

表達感謝、表達理解、「這很正常」、「比你更甚」、總結回饋。

技巧 1：表達感謝

這個技巧太簡單，這裡就不舉例了。唯一要提醒的是，感謝一定要足夠真誠、發自內心。

技巧 2：表達理解

句型的重點是，要加上充分理由。如果你只說「我很理解」這 4 個字，而不說出一個具體的理由，客戶就不會覺得你真的理解了，而會覺得，你只是在敷衍他。

比如，客戶說：「你們的價格太貴了。」

你可以說：

「我理解您的感受，這個價格確實不低，價格也的確不是我們的優勢。」

再如，客戶說：「我要考慮一下。」

你可以說:

「我理解您的想法,買東西嘛,謹慎一點總是沒錯的。萬一買錯了,即便可以退換,還是太折騰了,這個我深有體會。」

技巧 3:「這很正常」

這個句型的重點是,要加上你認為正常的理由,通常我們會說:「很多人都是⋯⋯」或者「我也是⋯⋯」

比如,客戶說:「我們的員工溝通能力特別差⋯⋯」

你可以說:

「其實您提到的這個情況很正常,很多團隊領導都遇到過,之前就有一位客戶⋯⋯」

你可以講一個跟客戶同病相憐的案例,以證明你真的理解他。

再如,客戶說:「你們這個產品品質怎麼樣啊?我很擔心品質問題。」

你就可以說:

「其實您有這個擔心很正常,不瞞您說,我剛接觸這個產品時,也有這個擔心⋯⋯」

技巧 4:「比你更甚」

這個技巧能夠給客戶一種感覺,即,似乎你比客戶本人還認同他的說法。

比如,客戶說:「你們的價格太貴了。」

你就可以說:

「不瞞您說,不光您覺得貴,連我都覺得貴。我剛接觸這個產品的時

模組二　能力篇

候，還因為價格問題跟上司發生一次不小的爭執呢。但是當我跟我們的工程師聊完之後，我真的大為震撼，從內心深處為這個產品叫好，您知道令我震撼的是哪一點嗎？」

這樣一說，客戶可能會很有興趣聽聽這個令你「大為震撼」的產品特點，你也就有了在價格方面說服他的機會。

再如，客戶說：「我想跟家人商量一下。」

你就可以說：

「我理解。說實話，如果您一時半會兒不提，我都要主動跟您提了呢。因為將心比心，我自己買東西時也會跟家人商量一下。即便不商量，告知一下總是要的，這也能體現一下對家人的尊重，您說對吧？」

這樣一說，客戶就會放鬆戒備，也更願意回答你接下來的問題了。

技巧5：總結回饋

你的總結回饋會讓客戶覺得你在認真聽他說話、用心對待他。因此，在客戶講完一段話之後，你可以說：

「您剛才說想要……好的，我明白了。」

或者，你可以說：

「您剛才提到了3點，我簡單複述一下，您看看我有沒有記錯。」

最後，對安撫技巧做一個實作要點提示：

1. 技巧本身很簡單，養成習慣更重要

安撫這個技巧非常簡單，也非常實用。你會發現，幾乎在任何情景下，面對任何人、溝通任何話題，你都可以用安撫來開始你的第一句話。它既產生了承上啟下的作用，還會讓你的語言顯得沒有什麼攻擊

性，讓人感覺很舒服、很柔和。所以，你可以將安撫的技巧內化成自己的語言風格，養成一個好的說話習慣。

2. 正常情況下使用很簡單，被客戶冒犯時使用更顯功力

安撫這個技巧說容易也容易，說難也難。如果在酒桌飯局上，大家不談正事，單純娛樂的話，可能不用任何人提醒，你也會說這樣的話。

但是，難就難在，你被客戶冒犯的時候、被客戶挑釁的時候、被客戶打擊否定的時候，你還會記得這個技巧嗎？你有能力在一個與你對立的人面前，找到他話裡你可以理解的點、可以認同的點、值得被肯定的點嗎？這才是我們最需要修練的。別人正確時，你認同，那叫本能；別人錯誤時，你依然能認同，而且是有理有據地認同，那才叫本事。

02　示弱：別咄咄逼人，要得理饒人

愚蠢的人總是逞強，聰明的人都在示弱。

一位打扮非常講究的女士走進了一家高檔服裝店。她連續試了好幾套衣服，但是似乎都不是很滿意，正要走出店門時，剛才為她提供服務的年輕店員快步跑上來，漲紅了臉，滿懷歉意地說：「這位女士，請留步。是這樣的，其實我才剛剛開始做銷售，現在還在試用期，很多地方都不專業，不知道是不是我剛才的服務有什麼地方讓您不滿意了，所以才導致您沒有買？您能否幫幫我，告訴我是什麼原因，也好讓我有一個提升的方向？」

這位女士見狀，說道：「其實並不是你做得不好，只是我這幾天確實買太多衣服了，這幾套可買可不買。但是既然你這麼說了，那我就買了吧。」說完，她就把這幾套衣服全買走了。

不知道你從這個小故事中獲得了什麼啟發？

我看到的是：示弱的力量。反向用力，以柔克剛。

不難想像，在這個案例中，如果換一個銷售人員，留住客戶的方法可能就是各種誇獎、各種讚美，但是顯然這些對案例中的客戶是很難奏效的。而換個角度，一份傻傻的真誠、一份弱弱的退讓，反倒為客戶找到了購買的理由。

什麼叫示弱呢？其實就是字面意思，即表示自己很弱。

示弱給予對方的心理暗示是什麼呢？

「原來，他還不如我呀」、「原來，他比我還慘啊」，大概就是這樣的一種感覺。

在生活中，我們每個人，在很多時候似乎都在本能地比強，比誰房子大，比誰車子貴，比誰賺錢多，比誰更成功。但是，你有沒有發現，其實最討人喜歡的人，往往不是那個最強的人，而是那個強中帶弱的人。這個該怎麼理解呢？

很多人在面對強者的時候，尤其是無懈可擊的完美強者的時候，都會有一種隱祕心理，那就是，見不得對方好，想看對方的笑話，總想找點對方的缺點，讓對方從神壇上跌下來，以求得自己內心的平衡。

這就是為什麼網路上一旦有人紅了，無論是娛樂明星，還是專家學者，抑或是別的什麼人，隨之而來的就是網友們不知道從什麼地方挖出來的一堆黑料。反正，人無完人，如果人家鐵了心要挖，那總是可以挖得到的，挖不到也可以捕風捉影，先造謠一番。這就是很多人都有的一種隱祕心理。聽起來或許有點不堪，但是確實普遍存在，只是每個人的程度不同而已。

但是,只要那個強者願意承認自己也有弱的地方,願意承認自己的缺點和不足,那麼他瞬間就變得可愛多了,變得討人喜歡了。因為,這樣的他,更接近人們心中普通人的樣子。人們的心裡會有一種感覺:「雖然他這麼優秀,但是他也有難處啊;雖然他這麼厲害,但是他也有苦衷啊。」就是這樣的一些難處、苦衷,讓他和普通人產生了共鳴,因此,他才會更受歡迎。

那這樣的一種心理跟銷售有什麼關係呢?

你跟客戶溝通的時候,由於你很想把自己的產品賣出去,你會不由自主地強化自己的優勢,或者是公司,或者是產品,抑或是自己。你強化的目的,當然是讓客戶知道你的產品有多好。但是這樣的強化也必然突出了客戶的弱、客戶的不懂、客戶的不專業,客戶就會本能地感到不爽。這就是你越渲染產品的賣點、優勢、利益,客戶的反對意見就越多的原因。

有的時候,不是因為他真的不認同你的產品,而是你的這種過於自誇、過於炫耀、過於志在必得、過於自我感覺良好的狀態,讓客戶不爽。所以,他就是要對抗你、就是要挑剔你,甚至有的時候,他的挑剔是站不住腳的、是沒有理由的,但是他依然任性妄為。試問,面對這樣一個鐵定要跟你唱反調的人,又怎麼可能說服他呢?

那要怎麼破這個局呢?最好的一招就是,示弱。透過示弱,讓對方獲得心理平衡。

比如,你講完自己的觀點後,示弱;說完自己的建議後,示弱;演示完自己的產品後,示弱;甚至在客戶表達對產品的好感之後,你都可以示弱。在溝通的全程,你把該傳遞的都傳遞出去了,該表達的都表達到位了,同時還能保持一種示弱的狀態,這不就是「強中帶弱」討人喜歡的表現嗎?

模組二　能力篇

那具體怎麼做呢？

這裡總結了 5 種比較常用的話術技巧，接下來依次舉例說明。

技巧 1：「我不確定／我不知道」

這句話，我相信大家一點都不陌生。本書前面的章節裡用得很多了。這句話的效果是，減輕質問感，讓對方更願意回答你的問題。

比如，你在「30 秒廣告」中詢問客戶的困境時，可以說：

「通常對我們這款產品感興趣的朋友，基本都會遇到如下的一些問題……我不確定您這邊是否也面臨類似的一些挑戰呢？」

再如，詢問客戶的購買標準時，你可以說：

「根據我跟客戶打交道的經驗，很多客戶或多或少都會有一些自己的標準，他們會用這套標準來衡量這個項目到底值不值得做。不知道您是否也會有一些自己的標準或條件呢？」

這樣的用法其實很簡單，就是把你知道的變成你不知道的，把你確定的變成你不確定的。因為確定的說法給人一種說服的感覺，往往會招致客戶的反駁，而不確定的說法卻給人一種中立的感覺，客戶無法反駁，同時會將關注點聚焦在溝通內容本身。只需做這麼一點點調整，溝通效果立刻就不一樣了。

技巧 2：「我說的不一定對」

這樣說的效果是，減輕對立感，讓對方更容易聽進去。

前文中我們分析過，人一輩子都在追求「我是對的」，而如果你先說自己可能不對，其實就等於在暗示對方，他是對的，那對方瞬間就有安全感了。在有安全感的情況下，對於你的觀點，他會更有興趣一探究

竟。因為，好奇是人的本能，只要你不強迫他接受，他的好奇心就會自然地出現。

比如，當你要表達自己的觀點時，加一句：

「我說的不一定對，僅供您參考。」

「我說的不一定對，您先聽聽看。」

「我說的不一定對，歡迎您隨時更正／打斷我。」

這樣，就成功化解掉你隨後表達觀點時的說教意味了，讓別人更容易抱著接納的心態去聽，而不是抱著對抗、挑毛病的心態去聽。

技巧3：「我不是來成交的」

這招非常好用，它的效果是，解除成交感，讓對方放鬆戒備。其實這招在本書前文的章節中用得也是非常多的，這裡再提示一下。

比如，當你想要爭取跟對方穩定的溝通機會時，你可以說：

「如果您時間還算方便的話，您看這樣可以嗎？我們先簡單聊聊，您可以說說您面臨的具體問題，我也可以說說我的解決思路。如果您覺得合適，我們就接著往下聊，如果您覺得不合適，您也可以隨時告訴我，我會充分尊重您的決定，絕不浪費您的時間，您看行嗎？」

再如，當你面對特別警惕的客戶，或者你特別擔心對方抗拒時，你可以再強調一下：

「張總，我想先澄清一下，其實今天我來的目的跟成交沒有半點關係。我很清楚，您現在對我們的產品還一無所知，我對您這邊的情況也完全不了解，我甚至都不知道我們是否有能力解決您的問題。所以，我們都不要有壓力，輕鬆地聊一聊，您看可以嗎？」

這樣說完，再說你的正事，客戶就會放鬆很多。

模組二　能力篇

技巧4：「不一定適合所有人」

這一招的效果是，讓對方潛意識中更想成為那個適合的人。

當一款產品，比如護膚品，宣傳廣告聲稱，這款產品0至80歲都能用，男女老少皆宜。你會相信嗎？你可能不僅不會相信，還會覺得，它肯定是為了賣產品而在誇大宣傳、虛假宣傳。但是，如果產品做個使用者細分，稱這款適合15至20歲肌膚嬌嫩的少女；這款適合20至35歲比較年輕的女性；這款適合35至50歲比較成熟的女性；這款適合皮膚乾燥、想要補水的女性；這款適合膠原蛋白流失、希望皮膚恢復彈性的女性。你立刻就會覺得它可靠很多，至少比那個什麼人都適合的產品可靠。

雖然沒有哪一款產品適合所有人，但是所有人卻都找到了適合自己的產品。

底層邏輯是什麼？沒有人喜歡被分在「所有人」這個標籤下，每一個人在潛意識中都在尋找自己屬於某個人群的歸屬感。因此，你越說「適合所有人」，就越是讓所有人都覺得不適合，因為沒有人會相信你。但是，當你有了區分，表面上好像拒絕了一部分人，但是實際上，拒絕的那部分人你本來就爭取不到，所以本質上你並沒有失去什麼。而由於有了區分，反而會讓適合的那部分人，有一種莫名其妙地被「選中」的感覺。因此，他們會在自己的內心強化認知，覺得這個產品就是為自己這類人量身定做的。

簡簡單單的一句話，效果卻出奇地好。那具體怎麼用呢？

比如，當客戶對你的產品表現出初步的興趣時，你可以說：

「其實這款產品還真的不一定適合所有人，您可以聽聽看，看您會不會遇到以下這些情況，再做判斷哦⋯⋯」

聽到這樣的話，你覺得他接下來會不會豎起耳朵認真聽？

聽完之後，如果確實不適合，客戶會覺得你很誠實，對你印象很好。如果適合，客戶甚至會暗暗竊喜，覺得自己的問題終於找到了解決辦法。當然，作為銷售人員，如果你挖掘客戶的挑戰場景足夠充分的話，你是可以最大限度地讓客戶感覺到，你的產品是適合他的。

再如，你可以說：

「雖然這個項目，客戶回饋一直都不錯，但是確實不是所有的團隊都適合。我們不妨再多交流幾分鐘，了解清楚之後再做決定，您同意嗎？」

這話看似把客戶推遠了，實際上是拉近客戶。如果你是客戶，你會不會期待跟他多交流幾分鐘，以便讓你做出正確的決定呢？

技巧 5：「我也很弱」

講一個「我也很弱」的故事。意思就是，我不但告訴你，我是很弱的，我還要講一個我也很弱的故事來證明一下。這樣做的效果是，引發對方的共鳴，讓對方更容易敞開心扉。

比如，客戶說：「保險是騙人的。」

你就可以說：

「您說保險是騙人的，我特別理解，不瞞您說，我就是因為一段『被騙』的遭遇，才陰差陽錯最終加入保險公司的。您想不想聽聽我的神奇經歷？」

你這樣一說，你覺得對方的反應是什麼？對方本來是用這句話來打擊你的，甚至是來結束話題的，你突然這麼一說，反倒激起了他的好奇心，讓他想聽聽你的被騙經歷了。當然，講故事的時候，你講的內容肯

定是你曾經對保險有什麼誤解，然後某位前輩為你釋疑的故事。這樣，客戶在聽你故事的過程中，會不知不覺被你植入的觀點說服。你完全不需要直接說出你的觀點，甚至你可以和對方一樣持一種反對的觀點，再透過故事中那位前輩的口，解開這個誤會。這簡直是不戰而屈人之兵。

再如，客戶向你抱怨：「我這工作很煩，簡直讓人一個頭兩個大。」

你就可以說：

「其實您這麼說，我真的特別理解，比任何一個人都理解，因為我就做過跟您一樣的職位……」

接著，講一個你在這個職位上的煩惱故事，引發客戶深深的共鳴，你們這對「難兄難弟」之間的信任關係就瞬間建立了。在講故事的過程中，一定要注意，故事越曲折、越有衝突，效果越好。

最後，對示弱做一個實作要點提示：

1. 示弱的「弱」不是實力的弱，而是態度的弱

很多人以為，示弱的「弱」是真的弱，所以會覺得，真正強的人是不需要示弱的，只有弱的人才需要示弱。其實正好相反。示弱，恰恰是強者的權利，只有強者才有資格示弱、才有本錢示弱，而真正弱的人，是不存在示弱這個概念的。

那問題來了，強者那麼強，他又怎麼表現自己不強呢？其實這裡所說的「弱」，指的不是實力的弱，而是態度的弱。所謂，實力要強，但是身段要軟。不是讓你顛倒黑白、把有實力說成沒實力，而是呈現一種態度上的弱、身段上的弱。意思是，不要高高在上，不要咄咄逼人，不要盛氣凌人，不要得理不饒人，而是以一種謙和的態度來立身處世。

所以，真要用好這一招，你或者你背後的公司，還真得有點實力才行呢。

2. 示弱不是卑微地討好，而是一種內心有力量之下表現出的謙卑

有些人在學示弱之初，會把示弱理解為一種討好，甚至是卑微地討好，這是極大的誤解。其實，討好這個行為，不僅討不了什麼好，還會讓對方更加輕視你。這裡所說的示弱，是一種發自內心的對他人的尊重，凡事不會想當然地強加自己的想法給他人，更不會想當然地認為他人不如自己，但是也並不因此而看輕自己，是一種內心有力量之下表現出的謙卑。

如果你檢查你的內心狀態，你就會知道你是在討好，還是在示弱。

如果你是在討好，那麼你的內心是極不舒服的，因為這是一種迫於外力的委曲求全，有一種「人在屋簷下，怎能不低頭」的無奈和不得已。但是如果你是在示弱，無論你有沒有得到自己想要的結果，你的內心都會從容淡定，既不會被任何外力綁架，也不會用自己的力量強行綁架別人，非常獨立自由。

3. 示弱不是單純地退讓，而是關於進退的藝術

有些人學完之後，只懂得一味地退，這不是示弱的精髓。示弱的精髓是，進退有度、一進一退、進中有退，有種柔中帶剛、剛中帶柔的感覺。比如你闡明一個觀點之後，以示弱結尾；提一個建議之後，以示弱結尾。當然，放在開頭也一樣。目的不是真的承認自己很弱、很無足輕重、很不重要，而是減弱觀點的鋒芒，讓別人更容易接受。

03　自曝缺點：別過度吹捧，要承認缺點

承認你的缺點，將使你的優點更加可信。

一位知名男歌手宣布結婚後，發了這樣的一段文字在社群上：自從我出道以來，拯救了多少長相平平的男士，但凡長得不怎麼樣的全說像我。另外還有一部分的狗和極個別的貓（也長得像我）。小弟我是不是堪稱醜界救星了。

眾所周知，他的眼睛不大，尤其是結婚照上大眼睛的妻子在他旁邊，兩人一對比，他小眼睛的缺點就更明顯了。他的小眼睛也被人們數次調侃。一般人面對這樣的事情，大概沒有多少好臉色、好心情，因為沒有人喜歡被別人一直說自己的缺點。但是他卻自己站出來調侃了自己的長相，認為自己是「醜界救星」。

這就讓網友覺得，既然他都承認了，好像再揪著不放也沒什麼意思了，於是慢慢地，網友也就不再拿這一點來攻擊他了，反而更喜歡他了，覺得他是一個幽默、風趣的人。

我們不難發現，那些人緣好的人，都有一個共同點，就是善於自嘲，也就是自曝缺點。事實證明，他們自曝缺點，不僅沒有貶低、醜化自己，反而為自己建立了更加積極正面的形象。

一些很有智慧的年輕人在婚戀中會自然地使用這種策略。比如一個小夥子家庭條件一般，父母收入都很低，但是追女孩子的時候，他不僅不會刻意隱瞞自己的家庭條件，反而會主動告知女方。按理說，這樣的家庭條件並不加分，但是只要女孩子願意給他一個機會，她會慢慢發現他身上的優點，好感度會越來越高，家庭條件一般的這個「缺陷」反倒不突出了。這絕對比那些刻意隱瞞真相，甚至美化自己，最後人設崩塌的

人好太多。

同時，一些很有智慧的求職者在面試時也會使用這種策略。他們會主動暴露自己的一些所謂的缺點，當然這些缺點也是經過精心挑選的。你可能會認為，這不是在增加自己的應徵風險嗎？但是事實正好相反，這恰恰是在減少他的風險、增加他的勝算。

因為，優點或許能夠決定他能為用人單位做出多大的貢獻，但是缺點卻能決定他會帶給用人單位多大的麻煩。對於那些把自己包裝得十全十美、毫無缺點的應徵者，面試官會因為不確定的風險而下不了聘用的決心。但是主動暴露缺點的應徵者，只要缺點在公司可以接受的範圍內，則會對面試官形成一種暗示：這個人最差也不過如此了。這反倒能讓對方放心錄用他。

所以，如果優點代表的是上限，那麼缺點代表的就是下限。接受上限，未必能接受下限，但是接受下限，一定可以接受上限。

這個策略在銷售行業也同樣適用。

可能有的人會有疑惑：銷售人員不是應該渲染自己的優點嗎？客戶難道不是因為我們的東西好而選我們的嗎？如果我很誠實地告訴了客戶我們的缺點，他果然不選我們了，那不是搬起石頭砸自己的腳嗎？

其實不然。客戶雖然喜歡好東西，但是也不相信這世上會有十全十美的好東西。你越誇你的東西有多好、有多棒，他反倒越擔心，會不會有什麼未知的風險，所以他越會猶豫不決。但是假如，你自曝了缺點，同時這個缺點是他能接受的，他反倒覺得你的東西更真實，你這個人也更可靠了，這樣一來他心裡反倒踏實了，覺得風險可控。這是一種很微妙的心理，很多人是覺察不到的，但是並不影響它在暗暗地發揮作用，左右人們的判斷和行為。

模組二　能力篇

所以，承認你的缺點，將使你的優點更加可信。這個策略的本質依然是反向用力。

那這一點在銷售中如何運用呢？

既然客戶在潛意識中，總想知道你的下限在哪裡，那麼與其讓他自己找出來，打你個措手不及，不如你自己主動暴露，合理控制風險。這樣，他也安心，你也安心。

這裡總結了 5 種比較常用的技巧，接下來依次舉例說明。

技巧1：自曝產品缺點

案例背景

假如你所在的是培訓行業，你賣的是一門技能型課程。市場上的技能型課程通常有兩種：一種是講授型課程，要求老師講得多一點，學員記筆記就好，回去自己練；另一種是訓練型課程，要求老師講得少一點，學員練得多一點，這樣課程結束後可以快速上手。你們主打的是訓練型課程。但是你並不確定，面前的這位客戶到底更喜歡哪種類型，這時你會怎麼辦？

可能有些人的做法是，能不提就不提，多一事不如少一事，反正這個課程講過那麼多次，也沒出過什麼紕漏。而萬一提了，客戶不接受，這一單不就沒了嗎？

但是這樣做的後果是，如果這個客戶就是不喜歡訓練型課程，而喜歡講授型課程，那課程就講砸了。到時候，客戶可能不僅不會付款，還會給課程負評，甚至對外宣稱課程不好，那你即便有一萬張嘴，也解釋不清楚了。

所以，正確的做法是，與其被動應對，不如主動提出。你可以這樣說：

「看得出來您對我們這套課程還是很感興趣的。

但是,有一個小問題,要跟您提前說清楚。我們這套課程原本的設計是訓練型的,老師的講授和學員的訓練大約各占50%。

有的客戶確實對此非常喜歡,甚至還主動要求課程上完之後,要專門安排1天時間,讓學員演練,老師點評,目的是讓學員出了課堂就能立刻上手。但是有的客戶卻接受不了,覺得好不容易請一次老師,希望老師能講得多一點,少互動,甚至不互動,留下資料讓學員課後再去練習就好。不知道您對這個問題怎麼看?」

如果你這樣問客戶,客戶會怎麼答呢?兩種答案。第一種是「我要的就是訓練型課程」。第二種是「我還是喜歡講授型課程」。

如果客戶的回答是第一種,不就正中你下懷嗎?你求之不得。你可以順勢問問他對訓練型課程更深的看法。如果客戶的回答是第二種,你也不用緊張。你可以接著問問他,為什麼會有這樣的想法、這樣考慮的出發點是什麼。然後,你可以結合客戶真實的想法,自行評估,是妥善引導以改變客戶不專業的想法,還是微調課程以適應客戶的需求,抑或是為了避免交付風險而乾脆放棄這一單。三種做法,無論哪種,都於你有利。

所以,無論客戶認為這是優點還是缺點,你都不會被動,有一種穩穩的掌控感。

那上面那段話,亮點到底在哪裡呢?

第一,把優點包裝成缺點。

訓練型真的是缺點嗎?見仁見智。在有些客戶看來,這不僅不是缺點,反而是優點。但是在不懂的客戶看來,這或許就是缺點。所以,你

這麼說，如果客戶懂，會更加堅定他採購這門課程的決心，因為這正是他想要的，你的提醒還發揮到強調的作用。但是如果客戶不懂，你也可以探測出他的更多資訊，以便制定不同的對策。你看，表面上你說的是缺點，實際上卻是優點，有一種美而不自知的感覺。

第二，說優點的時候，不是透過自己的口，而是透過第三方客戶的口。

比如案例中的「有的客戶⋯⋯但是有的客戶卻⋯⋯」這樣的說法，就最大程度降低了對抗感。既讓自己跳脫出來，也不耽誤表達自己的立場，同時還沒有什麼說教的意味，可以說是一箭三雕。

第三，不要強迫客戶接受，而要詢問客戶的想法。

只要你想強加自己的想法給客戶，你們就會對立。但是只要你給客戶自由，問他的想法，你就有機會循循善誘，和他一起商量出一個雙贏的對策。

技巧2：自曝服務缺點

案例背景

假如你從事的是房地產行業，要銷售房子，而你們公司有一個規定，即定金不能退。當客戶對房子很滿意，想要交定金時，你會怎麼做呢？你會不會主動把「定金不能退」這件事告訴客戶？

我知道一定有的人抗拒絕了這種誘惑，他們不太願意告知客戶，或提醒客戶。因為他們擔心一旦告知客戶，客戶就不交定金了。同時他們還覺得，如果客戶交了定金，之後又變卦回來退定金，還能以此為由留住客戶。

其實，這樣的做法是極其愚蠢的。

首先,如果客戶真的不想買了,絕對不會因為這麼一點定金,去犯一個更大的錯,去買下一套自己不想要的房子。其次,銷售人員的口碑是很重要的,總是透過這種帶點欺騙的方式做業務,對你長期的職業發展絕對是不利的。

那正確的做法是什麼呢?當然是直接面對、主動溝通。你可以這樣說:

「看得出來您非常喜歡這套房子,也確實想現在就交定金。

但是有一件事,我還是要提醒您一下,我們公司的規定是定金不能退,不知道您知道這個規定嗎?」

這個時候,客戶如果的確不知道的話,他會感到有點詫異,你可以接著說:

「雖然我們的房子確實很搶手,很多客戶願意交定金就是想提前鎖定,以防自己看好的房子被別人買走。但是客戶的情況的確各不相同。我之前就見過一些客戶,看到房子,很喜歡,就直接交了定金,之後卻後悔了,要回來退定金。但是我們公司是退不了定金的,弄得大家都很尷尬。

所以,我也想問一下,不知道這件事會影響您的最終決定嗎?」

如果你是這位客戶,你的感受如何?

這段話,不僅會讓客戶很信任面前的這位銷售人員,覺得這位銷售人員很可靠,還巧妙地為客戶的衝動情緒降了溫,使其恢復了一點理性,可以再慎重地評估。

評估的結果不外乎三個:第一,客戶依然願意交定金,那麼這張單十拿九穩,跑不掉了。第二,客戶有疑慮,你正好可以藉此機會解答疑

慮，疑慮過後，就是成交。第三，客戶覺得不妥當，最後也沒成交，那麼客戶也會非常感激你的提醒，同時還感覺欠了你一個人情，說不定什麼時候再買，或者他的朋友再買，就還了這個人情。所以，無論是哪種結果，都對你有利。

可能有的人會說，為什麼要這樣自找麻煩呢？客戶是自願交定金的，難道還有擋回去的道理？

你一定要深刻理解購買的本質，感性衝動＋理性評估，雙管齊下，才能真正成交。如果客戶只有感性衝動，沒有理性評估，或者理性評估不充分，那麼等他恢復理性之後，極有可能會後悔。

所以，如果你只追求虛高的成交率，當然可以在客戶情緒的最高點促成交易。但是如果你同樣重視退單率，那麼我勸你，一定要讓客戶的感性衝動合理化，一定要為客戶的感性衝動找到客戶認可的合理的理由。當然，不是你直接灌輸，而是讓客戶在你的啟發、引導下找到，這樣訂單才會穩。

用一個看似缺點實則中立的特點，幫助客戶夯實了購買的理由，還塑造了可靠的人設，是不是很高明？

技巧3：自曝公司缺點

案例背景

假如你在一家創業型公司做銷售，當面對大型國企，或者「世界500強」公司的客戶時，你心裡會不會有點怕客戶看輕自己？

我想說的是，如果你已經意識到了這一點，那為什麼不提前挑破呢？提前挑破，你就不糾結了。

那要怎麼說才能既有面子，又讓人舒服呢？你可以這樣說：

「看得出來您對我們這套系統還是很感興趣的。

只是,有一個小問題,還是要提前跟您說明一下。雖然我們也的確服務過幾家像貴公司這樣的大公司,口碑也不錯,但是我們確實只是一家成立時間比較短的創業型小公司。

有的客戶對這一點完全不在乎,反而覺得,只要技術扎實、服務好,其他不重要,甚至會覺得,小公司內部結構簡單,響應速度會更快。但是有的客戶確實會覺得,我們的實力跟他們的實力根本不在同個水準,還是想找一個規模更大、實力更匹配的公司,這樣更加『門當戶對』。

所以,不知道您對於這一點是否介意?這會不會成為我們合作中的障礙呢?」

猜猜看,客戶會怎麼答呢?

一種是,客戶表示完全不介意。這正中你的下懷,你就可以徹底放心啦。另一種是,客戶透露出會介意的訊號。當然他可能不會直接說,但是你完全可以從他的語音、語調和微表情中捕捉到。

如果是這樣的話,你也可以表示理解,並進一步測試一下,比如這樣說:

「那您的意思是,即便我們主要的產品指標都優於那些大公司的產品,您也基本不會考慮我們,是這樣嗎?」

這樣問,你就可以進一步確認客戶的態度。然後你再根據客戶的回應做出判斷,客戶真正介意的是什麼?到底問題卡在哪裡?到底還有沒有挽回的餘地?如果最終就是輸在公司規模上,你也只能接受,畢竟客戶的想法不是那麼輕易就可以改變的。

再說回缺點的問題。公司很小,真的是缺點嗎?好像也未必。剛剛

的話術裡也說了,「只要技術扎實、服務好,其他不重要……小公司內部結構簡單,響應速度會更快」──這明明是優點啊。而且,不是用自己的口表達的,而是用第三方客戶的口表達的,一點攻擊性都沒有。表面上是在說缺點,實際上卻是暗戳戳在強調優點。謙卑的態度有了,該強調的實力也強調了,剩下的就是客戶的選擇了。

技巧4:自曝行業缺點

行業會有什麼缺點呢?你會發現,有些行業在普通老百姓的認知中,口碑確實不怎麼好,比如保險行業。這裡我要鄭重澄清一下,我個人對保險行業沒有任何負面看法,相反,我曾長期就職於保險公司,我也非常欣賞保險行業裡那些真正的菁英。在這裡,我說的只是一個普遍的市場口碑,出發點是幫助大家解決問題。所以,如果保險行業的人看到了,千萬不要介意哦。

那口碑不好怎麼辦?我就見過一些做保險銷售的人,只要客戶一表現出對保險行業的不認可,就會沉不住氣,立刻開啟教育模式,搬出一系列專家發言、保險法規,反正就是義正詞嚴,要憑一己之力為保險行業正名。

這樣做的效果好不好呢?你懂的。即便客戶被你反駁得啞口無言,也不代表他心裡真的認同你。

所以,這樣做,完全沒有必要。因為客戶的這種印象不是一天兩天形成的,也不是針對你個人的,你急著去教育客戶,沒必要。即便你贏了,你又能得到什麼呢?所以,你不用去扭轉行業的整體口碑,事實上你也做不到,但是你可以做到的是,避免不好的口碑影響到自己,同時讓自己的表現為行業未來的好口碑盡一分綿薄之力。

比如,當你在溝通中感覺到客戶確實對行業印象欠佳時,你可以這樣說:

> 建立信任力

「特別感謝您願意見我,更感謝您能和我這麼坦誠地溝通。

只是,或許您也知道,我們這個行業口碑一般,很多客戶一聽說我是保險業務員,就很排斥。打電話不接,拜訪也見不到人,即便是熟人,只要談了保險,可能連朋友都沒辦法做了。雖然買保險的人是越來越多了,但是對保險業務員的負面評價卻並沒有改變多少。

所以,我不知道,您之所以願意見我,是因為您確實願意給我一個機會聊聊看看,還是說,您只是礙於情面不得不見我,其實早就想打發我走了?」

如果你是客戶,你會怎麼回應?

如果客戶確實對你印象很好,你這樣說完之後,他對你的印象就更好了。因為他會覺得,你這人很實在。同時,你這個問題,也會讓客戶不由自主地去找到更多認同你的理由。但是如果客戶確實是礙於情面才願意見你的,你的這種說法,也會讓客戶重新審視,或許你跟他過去認識的那些保險業務員都不一樣,他會重新開始認識你。

你看,承認缺點又如何?承認缺點,不僅不會讓客戶看輕你,反而會讓你憑藉這種誠實可靠的態度,讓客戶更加看得起你。

人總會有意無意地追求一種平衡:你的想法越往左偏,他就越會向右找補一點;你的想法越往右偏,他就越會向左找補一點。所以,以後再遇到客戶貶低,你只管承認就好。只要你不辯解、敢承認,相信我,他之後一定會為你「洗白」的。

技巧5:自曝個人缺點

這一招具體而言就是自嘲。能夠自嘲的人,往往更受歡迎。因為這樣做,不僅可以產生娛樂效果,讓對方放鬆警惕,還能讓自己獲得更多信任。

> 模組二　能力篇

比如，你想了解客戶的關注點，你直接問客戶：「在這個問題上，您最關注的是什麼呢？」客戶可能回答你，也可能不回答你。如果他不回答你，你怎麼辦？

當然，我們在後面有關提問力的章節中，會分享很多提問策略。但是如果你就是想透過自嘲的方式問出來，也完全沒問題。你可以這樣說：

「看得出來，您對我們這款產品還是挺感興趣的。

其實不瞞您說，我這個人有一個缺點，那就是學東西速度太慢、效率太低。通常別人學一遍就能學明白的，我都要學 3 遍以上。我特別擔心，萬一被客戶問到某個具體的問題答不上來，會很尷尬。

要不然您考考我，關於這款產品的任何問題，您想問什麼儘管問，我會盡我所能地為您解答，也看看我這個『慢工夫』有沒有效果。但是萬一真的答不上來，您可不要笑我哦。」

這樣說的效果是什麼？感覺像在和客戶玩一個小遊戲，客戶的心態會非常放鬆。同時，只要客戶一開口，就會暴露他的動機。因為，雖然你讓他隨便問，但是他真的會隨便問嗎？不會的，他問的問題一定是他關心的，否則他為何要問？這樣，你就可以無聲無息地把客戶真正的痛點問出來。表面上，用自嘲的方式拉近了關係，實際上，卻是不折不扣地挖掘痛點。

當然，你要自嘲哪個缺點，是可以選擇的。

如果你想突出自己的認真，你就可以自嘲速度太慢、效率太低。如果你想突出自己的專業性，你就可以自嘲特別死腦筋、特別固執，為尋找一個問題的答案，居然用了一些很笨的辦法。如果你想突出自己的服務好，你就可以自嘲為了替客戶做件什麼事，居然弄出了個大烏龍，很丟臉。故事很搞笑，但是你「服務好」的這個點，確實表達出來了。

總之，正話反說，反向用力，挖掘優點背後的那些缺點、糗事，讓客戶開心的同時，自己的目的也達到了。

最後，對自曝缺點做一個實作要點提示。

1. 自曝的缺點絕對不能是硬傷

你自曝的缺點一定要是那種無傷大雅、看起來像特點、換個角度又會被看作優點的缺點。如果是硬傷，那一定是一票否決制的，沒有任何商量的餘地。所以，既然要主動自曝，那對缺點的選擇就要非常用心，對於度的拿捏要恰到好處。

所以，你也可以提前做做功課，想一想，關於產品的、服務的、公司的、行業的、個人的，有哪些缺點符合這個要求，是可以拿來用一用的。未來真正需要用到的時候，每一招都能強而有力地打消客戶的顧慮，推動銷售的進展。

當然，如果你的產品對於客戶而言的確有硬傷，那就不是透過溝通技巧可以解決的問題了。排除品質差的可能性，很大機率是你找錯客戶了。你的產品根本不適合這個客戶，才導致產品的優點或特點在客戶看來是缺點甚至是硬傷。那麼這個時候，你需要的不是起死回生的話術，而是換一個更適合的客戶。

2. 如果想要強化某一角度的優點，請一併暴露另一角度的缺點

為什麼「老王賣瓜」越來越不受待見？因為老王把瓜吹噓成天下無敵，堪稱完美。這樣完美的瓜，又有多少人會相信它的真實性呢？其實，只要老王能夠自曝瓜的一個小缺點，那瓜的優點，立刻就會變得真切無比，可信度會提高好多倍。

人們喜歡好東西，但是人們卻不相信世上有完美的好東西。事實

上，你的東西也絕對不可能是完美的。所以，說缺點，其實並沒有醜化你的產品，只是在說一個本來就存在的事實。當你認識到這一點，你就可以在你想要強化的那些優點中，很自然地放入一些合理的缺點，這樣既會讓優點更可信，也會讓缺點更容易被人包容。

當然，你表達的方式最好是藉助第三方客戶的口。比如：「有的客戶喜歡，有的客戶不喜歡，不知道您喜不喜歡？」、「有的客戶認同，有的客戶不認同，不知道您認不認同？」、「有的客戶接受，有的客戶不接受，不知道您接不接受？」這樣，優點表達了，缺點也表達了，而且還顯得很客觀、中立。更重要的是，認同優點的客戶，很難被缺點影響，因為缺點是你主動選擇呈現的。但是認同缺點的客戶，卻極有可能被優點影響，因為優點也是你主動選擇呈現的。結果就是，優點和缺點都是真實存在的，但是卻都能發揮對銷售的正向作用。

3. 如果覺察到客戶可能在某一點上與你產生分歧，請你主動自曝缺點

如果你明知道前方有雷，而不提前排雷，那萬一到時雷爆了，你就很難挽回了。所以，與其擔心、煎熬，不如主動面對。

前文中關於自曝服務缺點、自曝公司缺點、自曝行業缺點的案例，都是這一點的具體運用。這些缺點，其實大多數客戶都會注意到，既然如此，為什麼不主動面對、提前解決呢？如果客戶真的介意，你主動提出來，會減弱這個缺點的殺傷力，同時你也有充分的時間來處理。如果客戶不介意，也塑造了你誠實可靠的口碑。

4. 自曝缺點的時機一定是在客戶表現出一定的興趣之後

大家有沒有發現，在上面的話術中，幾乎每一段的開頭都在告訴你，客戶的狀態是感興趣的。

為什麼是這樣？因為如果客戶完全處於一種抗拒、拒絕、否定的狀態，那麼你的自曝缺點，幾乎等於「自尋死路」，而且是加速的「自尋死路」。只有在客戶表現出一定的興趣之後，你的自曝缺點，才有價值，才可能發揮以退為進的作用，才是真正的反向用力。

04　情緒疏導：別糾結對錯，要化解情緒

先處理心情，再處理事情。

如果你的好姊妹失戀了，非常痛苦，你會怎麼安慰她？

我們在這裡呈現 5 個可能的回應。

（1）我早就告訴過妳，他不可靠，妳偏不信，這下慘了吧？

（2）妳這段經歷算什麼，我比妳慘多了，妳知道我前男友當時是怎麼對我的嗎？他⋯⋯

（3）妳長得這麼好看，性格又這麼好，追求妳的人可以從這裡排到大街上，妳怕什麼？

（4）好好的怎麼會分手？妳有想過原因嗎？是他的問題還是妳的問題？

（5）我知道妳現在一定特別難過，想哭妳就哭出來吧，我會一直在這陪著妳。

5 個回應，你會選擇哪一個？我們來具體分析一下。

回應（1）是指責型回應，讓人在情傷之餘再添內傷。

回應（2）是比慘型回應，處於悲傷中的人看到這樣的「演技派」，會覺得胸口堵得慌，想宣洩卻沒有出口。

回應（3）是誇獎型回應，處於悲傷中的人聽到這樣的話，會有點哭笑不得的感覺。

模組二　能力篇

回應（4）是分析型回應，這樣的問題只會火上澆油，讓人在悲傷之餘新增一分怒氣。

回應（5）是共情型回應，讓人感覺找到了知己，獲得滿滿的安全感和踏實感。

顯然，回應（5）是讓沉浸在失戀痛苦中的好友最舒服的。而其他的 4 個回應有一個共同點，那就是都沒有在情緒層面做出回應，只是在處理事情本身。

這與銷售工作有什麼關係呢？

在銷售的過程中，你有沒有遇到過客戶情緒很激烈、很不給面子的時候？可能有些人會本能地跟客戶較勁或者認輸，但是這些方式不是讓別人難受，就是讓自己難受，都不好。

其實，人有情緒是很正常的。但是，因為別人有情緒，刺激到了你，你就一定要有情緒嗎？這無異於把自己的情緒開關交到了別人手裡，別人一誇你，你就開心，別人一罵你，你就難受，你不就把自己活成了一個「牽線木偶」了嗎？

作為成年人，你需要建立這樣一種意識，即要把情緒牢牢掌控在自己手裡，成為情緒的主人，而不是情緒的奴隸。要不要生氣、要不要發火，不是因為別人的刺激，而完全是自己的選擇。選擇服務於你的目的。這才是成熟、理性的做法。雖然不容易做到，但不是不可以做到。如果你會情緒疏導，你就不僅可以掌控好自己的情緒、不被別人帶偏，還可以把別人的情緒帶回來，讓他收起情緒、恢復理性。因為，發洩情緒是本能，控制情緒才是本事。

那情緒疏導到底應該怎麼做呢？

記住一個非常重要的原則：先處理心情，再處理事情。

在事情發生的第一時間，千萬不要針對事情去處理，一定要針對情緒去處理。事情層面的處理方式通常是批評指責、分析對錯。情緒層面的處理方式通常是分享心情、分享感受。等情緒平復了、理智恢復了，再去處理事情，效果就會非常好。

這個過程具體可以分為三個要點，分別是：理解動機、分享感受、提出建議。

要點一：理解動機

動機是化解人與人之間對抗的第一關鍵因素。無論一個人做了多大的錯事、情緒多麼激動、多麼瘋狂，其實他的動機對於他自己而言，都是合理的。只要你說出了他行為背後的動機，他瞬間就覺得自己被理解了、被接納了，就有希望恢復到理智狀態。

要點二：分享感受

感受是化解人與人之間對抗的第二關鍵因素。與其去責備對方、指責對方、抱怨對方，不如說說自己的感受來得管用。因為感受會讓對方感同身受，會引發對方的共鳴，讓對方從「對錯」的漩渦中解脫出來，對別人多一分理解和體諒。

要點三：提出建議

意思是，不要沉溺於這件事本身，在情緒平復之後，就要讓事情翻篇，往下一步推進。

接下來我們舉例說明。

> 模組二　能力篇

案例 1：剛一進門，客戶就劈頭蓋臉來一句，
　　　　「我真的特別討厭你們這些業務員。」

　　錯誤回應：「張總，雖然我只是個小業務員，但是我們在人格上是平等的，你應該尊重我。」

　　這種方式看起來好像不錯，也比較解氣，但是說實話，除了解氣，沒什麼實際的好處，你也很難把事情往下推進。你完全可以這樣說：

　　「（理解動機）張總，聽您這麼說，我猜您過去一定在跟業務員打交道的過程中，有過一些不愉快的經歷吧？雖然我現在還不知道是什麼事，但是您的這份心情我完全理解。

　　（分享感受）只是，突然聽到您這麼直白地說出這句話，作為同行，我確實覺得很尷尬，也備受打擊，都不知道該怎麼辦才好了。

　　（提出建議）張總，您看這樣可以嗎？既然我今天已經來了，您能不能給我 1 分鐘的時間，簡單說說我的來意，然後由您來決定，是讓我立刻走人，還是暫且留我當個『備胎』，您看行嗎？」

　　這樣說，不卑不亢，乾脆俐落。如果你是那位出言不遜的張總，你感覺如何？是不是會突然意識到，自己太過情緒化，有點不應該，甚至有了一絲歉疚的情緒，同時也更願意配合對方，願意酌情考慮對方的訴求。這樣，1 分鐘不到，你就把這種尷尬的局面成功化解，並且把談話帶入正常的軌道。

案例 2：客戶說，「保險都是騙人的，你怎麼會跑去賣保險啊。」

　　錯誤回應：「你怎麼能這麼說呢？保險怎麼可能是騙人的呢？如果保險是騙人的，政府不就會取締了嗎？」

　　這樣的說法確實很爽，但是也就只剩下爽了。宣洩了情緒，卻一點

都不高明,對達成你的目的也沒有絲毫幫助。你完全可以這樣說:

「(理解動機)其實您也不是第一個跟我這樣說的人了。我猜您之所以會這樣說,不是真的完全不認可保險,而是擔心我利用朋友關係道德綁架你、強行推銷,我猜的沒錯吧?

(分享感受)其實,每次聽到朋友這樣說,以這樣鄙夷的方式來防著我、告誡我不要賣保險了,我心裡都非常難受,都會懷疑自己是不是選錯了行業。

(提出建議)坦白說,我這個人談不上多高尚,但是也的確不是會道德綁架朋友的人,您看這樣好不好?既然我們已經聊到保險這個話題了,乾脆就直接一點,花個 5 分鐘做個簡單的交流?如果交流之後,您依舊覺得保險是騙人的,我們就結束對話,我也不會再來打擾您。您看行嗎?」

一場危機瞬間化解於無形,這樣的說法既不高傲,也不卑微,而是恰到好處。這就是情緒疏導的威力。

最後,對情緒疏導做一個實作要點提示:

1. 情緒疏導的前提是自己保持情緒穩定

如果別人有情緒,而別人的情緒又激怒你了,那你是無論如何都處理不了別人的情緒的。所以,要做好情緒疏導,你要先成為一個情緒穩定、能掌控自己情緒的人。

2. 情緒疏導的核心是千萬不要講道理

講道理其實就是論對錯,而論對錯永遠不可能解決問題,只會激化矛盾。因為每個人都認為自己是對的,也都會堅持自己是對的。所以,當別人有情緒時,無論他是對的還是錯的,先擱置對錯,只覺察動機、談論感受。等對方恢復理性之後,再透過設定合適的下一步,將此事翻篇。

模組二　能力篇

05　講故事：別刻板說教，要用故事打動人心

道理容易遭到質疑，但是故事自動潛入人心。

小山羊長大了，想離家學習本領。羊媽媽高興地說：「好啊，孩子，你要記住，每遇到一個人，你都要向對方學一個本領。」

小山羊在外面轉了一圈，一個本領都沒有學到，只好失望地回家了。

羊媽媽疑惑地問：「難道你一個人都沒有遇到？」

小山羊說：「不，我遇到了很多人。」

羊媽媽更疑惑了：「既然這樣，那你怎麼一個本領都沒有學到呢？」

小山羊回答：「我先遇到了小牛，可是他跳得沒我高；接著我遇到了小鴨，可是他跑得沒我快；後來我又遇到了小猴，但是他唱歌沒有我好聽。」

羊媽媽語重心長地說：「傻孩子，其實每個人身上都有很多優點和缺點，你光盯著別人的缺點，只會讓自己變得平庸，只有多學習別人的優點，才能讓自己變得更優秀啊。」

第二天，小山羊又出去學習了。他牢牢記住媽媽的話，多學習別人的優點，結果真的變得越來越優秀。

想像一下，如果一位爸爸或媽媽講這個童話故事給孩子聽，相信孩子一定能夠輕易吸收「學習別人的優點，才能讓自己變得更優秀」的道理，並且還能身體力行地做到。但是，如果不講故事，直接告訴孩子這個道理，效果如何？孩子可能不僅理解得不深刻，也根本記不住，要做到就更加無從談起。

這就是講故事的力量。

為什麼透過講故事的方式來傳遞觀點比直接講道理的方式效果更好呢？

前文說過，人總會堅持自己是對的。但是講道理的潛臺詞卻是：「你是錯的，所以你要聽我講。」在這樣的心理暗示下，你想傳遞的觀點就特別容易觸發對方大腦的防禦機制，容易被攔截。對方的大腦中會出現這樣的一些質疑：「我為什麼要聽你的？」、「我怎麼知道你說的是對的？」

但是講故事卻完美規避了「對錯」的問題，故事會自動繞過對方大腦的防禦機制，悄無聲息地進入對方的內心。當故事結束時，新的觀點已經在對方心中自然而然形成了，趕也趕不走了，這就完成了一次完美的觀點植入──沒有對抗較勁，只有無聲潛入。所以，用講故事的方式傳遞觀點，不僅效果更好，而且見效更快。

講故事在銷售中的作用也是不言而喻的。會講故事的人，通常業績都不會太差。說服不了客戶的時候，如果你能夠繪聲繪色地講一個合適的故事，扭轉戰局的可能性就會大很多。

那到底怎麼講故事呢？我推薦用芭芭拉‧明托（Barbara Minto）的《金字塔原理》(*The Minto Pyramid Principle*) 中的 SCQA 結構。

金字塔原理是一門加強思考邏輯與寫作邏輯的技術，可以用於結構化的表達與寫作過程。對於如何講出一個精采的故事，金字塔原理提供了一個非常好的結構：SCQA。S──背景（Situation）、C──衝突（Complication）、Q──疑問（Question）、A──答案（Answer）。答案中還包括行動、結果、道理、感受等。

沒有學過金字塔原理的人，粗略看這個結構，或許會覺得有點陌生。但是實際上，所有吸引人的小說、電影、電視劇，都離不開這個結構。如果你去看金庸先生的武俠劇，會發現幾乎每個故事都是按照這個

結構展開的。雖然裡面的起承轉合更豐富、更複雜、更精密，但是本質上，都是這個結構的延伸、疊加或變形。這些足以說明，用這個結構來講一個我們在銷售中能用到的簡單故事，是綽綽有餘的。

我們來梳理一下這個結構：

一、背景

背景指的是對時間、地點、人物的交代，讓聽故事的人知道，你要講的這個故事，發生在什麼時間、什麼地點、什麼人身上，以及當時的情況是怎樣的。

二、衝突

故事，最重要的就是衝突。如果故事沒有衝突，就如同一部流水帳，是沒有任何可讀性的。而吸引聽眾的鉤子，就是這個衝突。衝突越精采，故事就越吸引人。很多故事的敘述祕訣基本上都是，一個衝突剛剛要解決時，另一個衝突就又開始了。

三、疑問

這裡指的疑問，是指聽眾聽到這裡的時候，自然而然在心裡升起來的一個疑問，而由講故事的人代替聽眾問出來。因為這個疑問就是聽眾心裡的疑問，所以聽眾會迫切想要知道答案，這就牢牢鉤住了聽眾的好奇心。當然，實際講故事的時候，這個問題既可以問出來，也可以不問出來，關鍵是要跟聽眾的心理同步。

四、答案

這裡的答案包含的內容有很多，比如行動、結果、道理、感受等。意思就是，這件事具體是怎麼做的、結果是什麼、從中悟到了什麼道

理、有什麼樣的感受。實際講故事的時候，並不需要全部都講到，你可以根據具體的情況，挑選其中的一個或多個來講。

這就是用 SCQA 結構講故事的基本脈絡。

接下來我們就用銷售中最常用的四類故事來舉例說明。

第一類：安撫／示弱的故事

安撫和示弱，雖然是兩種策略，但是講故事的方式差不多，我們就合在一起來講解了。

案例：健身行業

客戶說：「這個問題（減肥總是失敗）真的困擾我很久了。」

你可以這樣說：

「（背景）我特別理解您此刻的心情。不瞞您說，我之前有一位客戶，他的情況比您還嚴重一些，他身高175公分，體重卻達到120公斤，而且這種情況持續了10年之久。

（衝突）後來，在一次聚會上，他遇到了一位心儀的女士，鼓起勇氣表白之後，女士卻嫌他太胖拒絕了他，備受刺激的他才開始真正下定決心減肥。

（疑問）您知道他怎麼減的嗎？

（答案）那真的是一段血淚史啊。他試過吃減肥藥，但是導致身體虛脫，在醫院住了1個星期；他也試過節食，但是終因受不了飢餓又大開吃戒，不僅沒減重反而還增重了；他也試過運動，但是因為不專業，折磨到筋疲力盡也沒減下多少。他最後才找到我們這裡。所以我真的特別理解您。」

當然，並不是每一次的安撫或示弱都需要講一個故事。大多數時候，如果客戶的情緒不是那麼強烈，你可以簡化表達，或者概括表達。而在客戶的情緒確實比較強烈，同時也特別希望有人能理解的情況下，講一個具體的故事效果更好。

第二類：改變想法的故事

案例：保險行業

客戶說：「保險期限這麼長，萬一到時出事卻理賠不了，我的錢不是打水漂了嗎？」

你可以這樣說：

「（背景）我特別理解您的想法。不瞞您說，我之前就有一位客戶，他的想法和您一模一樣，也是擔心保險能不能理賠的問題，最後他在反覆權衡後，試著買了保額5萬元的保險。

（衝突）結果，3年後他被確診患病。於是，他傳來醫生的診斷書，問我是否可以理賠。

（疑問）那到底可不可以呢？

（答案）公司經過評估，確認可以理賠。但是因為他只買了5萬元的保額，所以也只能拿到5萬元。聽到這個結果，他是又開心又難過，開心的是可以理賠，難過的是自己當初沒有多買一點。後來他告訴我，那次住院花了20多萬元，如果當初聽我的，家裡人就不用為了替他治病到處借錢了。後來，他果斷讓老婆和孩子都在我這買了保險。

其實，保險合約是一份具有法律效力的合約，只要是在保險責任範圍內的事件，保險公司都必須做出賠償。即便到時真的發生爭議，法院也會做出有利於客戶方的解釋。所以，這一點您完全可以放心。」

透過講故事的方式，呈現出客戶的擔心，同時把故事中的主角消除擔心、改變想法的過程也呈現出來，客戶就會產生強烈的代入感。

案例：培訓顧問行業

在深度挖掘客戶痛點，但是客戶並沒有形成明確的想法時，你可以為其提供建議：

「（背景）其實我之前有一位客戶跟您的情況差不多，他們是裝修行業的，他的團隊是新組建的，大概有 50 人，員工的銷售經驗都不是特別多，導致他們在銷售業績上一直沒有明顯的突破。

（衝突）當時已經到了 9 月，如果這個問題再不解決，年底完不成任務的話，可能會導致 10% 的員工被裁掉。

（疑問）時間緊、任務重，怎麼辦？

（答案）他們經過一番對比，最終選擇了我們這個項目，2 天培訓＋為期 1 個月的輔導。過程中他們讓團隊分小組進行業務競賽，每日公布戰績，所有團隊成員你追我趕、鬥志昂揚。結果，當月就實現了 xx 元的業績。他們說，這幾乎相當於他們過去 3 個月的總業績。您覺得他們的做法怎麼樣？可不可以給您一點參考？」

這樣，就呈現出具體的行動和結果了。只要這個結果是面前這個客戶想要的，那麼這個行動建議，客戶大機率是會考慮的。

第四類：提示風險的故事

案例：學歷教育行業

客戶說，別的機構也承諾考試保證通過，但是價格更低，想要在別的機構報名時，你可以這樣說：

「（背景）我特別理解您的想法，畢竟能夠以更低的價格獲得更好的

服務，誰也不會拒絕。只是，我之前就遇到過一位客戶，他也是看到有一家機構和我們機構一樣的承諾，但是價格比我們低，就報名了。

（衝突）沒想到，那個機構的保證通過是有前提的，需要學員參加線下考試，考過了才行，沒考過就不保證通過。這也是在合約上白紙黑字寫著的，只是他沒有看清楚。

（疑問）那最後怎麼辦呢？

（答案）沒辦法，只能配合。而要參加線下考試，就需要提前複習，考試時還需要考慮交通等問題。明明想節約一些時間和精力，最後反而賠了更多的時間和精力。

所以，一定要看清楚合約，切不可因小失大啊。」

這類故事是用於客戶非常執著於自己的想法，而他的這個想法是不明智的、你想讓他改變的情況，這時你就可以用講故事的方式來告知他可能存在的風險。

最後，對講故事做一個實作要點提示：

1. 故事細節越豐富、衝突越明顯，講故事效果越好

故事要讓人有代入感，就一定要有細節，只有一些很空、很虛的話，聽眾是沒什麼感覺的。而且，衝突越明顯、越引人入勝、越吸引人，效果越好。

2. 講故事可以和任何技巧結合使用

講故事的本質是引發共鳴，我們可以藉助故事中人物的經歷、遭遇或想法，對眼前的這個人說出自己想說的話。這樣就避免了直接對立或直接教育的尷尬，達到委婉說服的目的。所以，講故事這個技巧既可以單獨使用，也可以結合其他技巧一起使用，從而加大說服力度。

提升提問力

客戶為什麼願意回答你的問題？

因為你的問題，

有趣、有用、有共鳴。

有趣：客戶覺得，你的問題很有意思，想說上兩句。

有用：客戶覺得，回答你的問題有利於解決他的難題。

有共鳴：客戶覺得，你對他的處境感同身受。

01　好奇型問題：別不懂裝懂，要虛心探索

「什麼都懂」是提問的大敵。

如果你問一個孩子他做錯題的原因，你會怎麼問？

第一種問法：「這道題目你為什麼做錯了？」

第二種問法：「我很好奇，這道題目的難度應該在你的能力範圍之內啊，是什麼原因導致你做錯了呢？」

你覺得哪種問法更容易得到孩子坦誠的回答？

顯然是第二種。第一種問法暗含了一種責備的感覺，讓人本能地想要自我保護和推卸責任。第二種問法則充滿探究和好奇，不僅沒有責備的感覺，反而有點誇獎和認可對方的意思，讓人願意放心地實話實說。

事實上，如果你充滿好奇地向一個人提出問題，只要他沒有感覺到明顯的危險訊號，他還是願意滿足你的好奇心的。因為很多人其實是希望受到別人關注的。只要他覺得你是善意的，不是套他話，也不是想利

用他，那麼他就很有可能滿足你的好奇心。亞伯拉罕・馬斯洛（Abraham Maslow）的需求層次理論中也闡釋了人的這種心理需求，即第四層次的需求──被尊重的需求。

這種表達好奇的問題，就叫好奇型問題。

那好奇型問題究竟要怎麼設計呢？

經典問句：「我很好奇……」

當然，類似的還有：「我很困惑……」、「我有點不解……」、「我有點沒反應過來……」接下來我們舉例說明。

案例1：如何用好奇型問題詢問客戶的目標和動機？

比如你是做早教課程銷售的，你問家長：「您為什麼會把孩子送來上早教班呢？」這樣的問法就顯得比較生硬，對方可能也沒有辦法回答。

你可以這樣問：

「小明媽媽，我看到您家小明各方面都發展得不錯，我很好奇，您之所以會把小明送來上早教班，是希望他在哪方面有所突破呢？」

再如問時間，如果你問客戶：「張總，您為什麼會把培訓時間安排在3月下旬？」

就不如你這麼問：

「張總，我有點好奇，您之所以會把培訓時間安排在3月下旬，只是一個例行的安排，並沒有特別的用意，還是說這個時間點其實是一個重要的業務節點呢？」

為你的好奇找到一個理由，對方自然願意滿足你的好奇心。

案例2：如何用好奇型問題詢問客戶的現狀？

假如你問：「張總，您這邊的具體情況是什麼？」

就不如這樣問：

「張總，聽您說到這一點，我有點好奇，我以為只有小公司才會遇到這樣的問題。但是像貴公司這樣的大公司，各方面制度都很完善，照理來說應該不會遇到這樣的問題啊。具體是什麼情況，您可以說說嗎？」

你這樣問，客戶會更願意向你道出實情。

案例3：如何用好奇型問題詢問客戶對競爭對手的評價？

如果你問：「您剛才說一些大學老師的課程不怎麼樣，為什麼呀？」

就不如你問：

「張總，您剛才說一些大學老師的課程不怎麼樣，我確實有點不解，因為據我所知，大學裡的老師還是經常會被請到企業裡去講課的，按理說他們的課程應該不會差吧，否則哪有人請呢。您是親自體驗過，還是聽朋友這麼說的呀？」

這樣，客戶到底怎麼看待這個問題，以及他的評判標準是什麼，你就可以了解了。

案例4：如何用好奇型問題詢問後果和影響？

如果你問：「這個問題對貴公司的經營到底有什麼樣的影響呢？」客戶有可能回答得很簡單，防備心重一點的客戶可能不願意回答你。

但是，如果你這樣問：

「張總，聽您聊了這麼多，我總覺得這個問題對貴公司的整體營運似乎影響不大啊，您看業績還是一樣好。所以我有點不解，是不是您對下

屬要求太高了呀？」

這樣問，客戶可能就會向你道出他真正的擔憂。

案例5：如何用好奇型問題詢問客戶有關購買標準的深層想法？

如果你問：「為什麼您會有這樣的選擇標準呢？」就太直接生硬了。

你可以這樣問：

「張總，您說的前兩個標準我都覺得比較好理解，但是您說的第三個標準，說實話，我還真的很少聽客戶提到，所以，我確實有點好奇，不知道您會專門關注到這一點，是基於怎樣的考量呢？」

最後，對好奇型問題做一個實作要點提示：

1. 你的好奇心是致勝的關鍵

好的好奇型問題，技巧只是錦上添花，致勝的關鍵是你真的擁有對客戶的好奇心。如果你真的擁有對客戶的好奇心，那好奇型問題會不請自來、層層深入，像剝洋蔥一樣帶你透過現象看到本質，而你只要稍微注意一下柔化鋪陳，就可以取得非常棒的提問效果。

但是如果你對客戶缺乏好奇心，對很多問題想當然，很多事情客戶才講了個開頭，你就似乎知道了結局，那麼即便你把技巧運用得很嫻熟，你可能依然很難深入了解客戶。這就是很多人即便了解了如何問好奇型問題，依然得不到好答案的原因。

所以，我建議你從今天開始，培養自己的好奇心，從「這個我也懂、那個我也懂」的不求甚解的狀態，慢慢變成一種「這個很有意思、那個也很有意思」的想要進一步探索的狀態。把你和客戶的每一次接觸，都當成一次尋找寶藏的旅程。當你可以讓自己回歸到一種「不懂」的狀

態，你才可能真正擁有一雙好奇的眼睛，到那時，你會「玩」得很開心，成交也會變得更自然。

2. 給出好奇的理由，讓好奇變得合情合理

如果你只是單純地說「我很好奇」這 4 個字，是不會有什麼效果的，甚至會被對方識破，認為你是在生搬硬套。但是，如果你能夠結合當時的情景，合理地提出你的好奇、丟擲你的質疑，讓你的好奇、質疑變得合情合理、情有可原，對方就會很有興趣為你答疑解惑。

3. 好奇的態度，比好奇的用詞更重要

問好奇型問題時，你表現出的好奇的態度，比你的用詞更重要。你可能也發現了，在上文的案例中，即便把「我很好奇」這樣的話去掉，對效果也不會有太大的影響。因為當你把好奇的態度表現出來時，客戶已經被你觸動了，你就不一定非得加上這 4 個字了。所以實際運用的時候，只要狀態出來了，這 4 個字可說可不說。

02　預設型問題：別保持中立，要巧設立場

猜測對方的想法，他絕對不會一言不發。

如果你的好姊妹談戀愛了，你想問她喜歡這個男生的原因。你會怎麼問呢？

第一種：「妳為什麼會喜歡他？」

第二種：「我猜，妳會喜歡他，一定是看上他的長相了吧？」

兩種問法，有什麼區別？第一種，對方或許會回答，或許不會回答，主要看心情。

模組二 能力篇

但是第二種，對方回答的機率會大大提高。為什麼會這樣？

其實前後兩種問法的區別只有一個，即一個有靶子，另一個沒靶子。如果沒有靶子，人的答題欲望會大大降低。而如果有靶子，人們有了焦點，就更容易站隊，就會給出自己或肯定或否定的看法。所以，要點就是，先猜出一個答案。無論對錯，對方都會更願意把他內心的想法告訴你。

有的人可能會問了，這種問法，需要猜對才有效果吧，如果猜錯了，還有效果嗎？

其實，猜對或猜錯，都有效果。

如果猜對，對方會覺得，你居然看透了他！那麼繼續偽裝似乎也沒什麼必要了。所以，接下來他可能就不再遮遮掩掩，而是跟你道出更多實情。但是如果猜錯了，也有好處，即對方會產生一種糾錯的欲望、澄清的欲望，不想在這個跟自己有關的問題上讓你產生誤解，所以也會向你解釋。

所以，無論猜對還是猜錯，都有好處。只是，能猜對的話還是要盡可能猜對，因為這樣對對方心理的拿捏會更直接、更徹底。但是猜錯了也不要緊，只要你猜的那個理由在對方看來是有理有據、情有可原的，並不是完全沒有道理的，對方就會因為想要澄清和糾正，而釋放出更多資訊。

這種預設答案的問題，就叫預設型問題。

經典問句：「我猜你一定是……」

預設型問題特別適用於探究客戶的深層動機，探究客戶的一句話、一個想法、一個行為背後的深層用意。也就是說，但凡你想用「為什麼」來提問的問題，又擔心問題太直接、尖銳，引發客戶的牴觸情緒，那你都可以使用預設型問題。

具體如何運用，我們舉例說明。

案例1：早教行業

　　假如你從事早教行業，客戶說：「我希望我的孩子能守規矩一些。」你很想知道客戶這樣想的原因。如果你這樣問：「您為什麼會希望您的孩子守規矩一些呢？」這樣就太過直接了。

　　但是如果你這樣問：

　　「小明爸爸，聽您這麼說，我猜您家小明一定特別活潑好動吧？居然讓爸爸煩惱成這個樣子了。我倒是很好奇，不知道他在家裡到底是怎樣的一種表現，才讓您這個爸爸覺得需要調整一下。您能跟我具體說說嗎？」

　　你看，用猜出一個答案的方式跟客戶交流，客戶是不是就更願意道出實情了？

案例2：學歷教育行業

　　假如你從事學歷教育行業，客戶問：「你們的學歷考試保證通過嗎？」你想跟他聊出更多具體的資訊。如果你直接問：「您為什麼會問這個問題？」顯然效果不好。

　　但是如果你這樣問：

　　「可以的。聽您這麼問，我猜您也是平時工作特別忙、沒時間複習，擔心交了錢卻沒過，所以才會特別關注到這一點吧？可以大致說一下您的具體情況嗎？」

　　猜出他的理由，這樣客戶就更容易跟你多一些交流了。

案例3：培訓顧問行業

　　如果你從事培訓顧問行業，客戶說：「關於培訓內容，只要是員工沒聽過的就行，你可以自己定。」有一次，我跟一位客戶溝通具體的培訓

內容時，客戶就對我說了如上的話。

如果是你，你還想了解得更清楚一些，會怎麼問呢？如果你說：「這個範圍太大了，可以具體一點嗎？」這樣的說法，也不是不行。不過，我當時是這麼說的：

「張總，特別感謝您對我的信任。只是，聽您這麼說，我想我們這次培訓應該不是為了解決某個具體問題，而是您作為老闆很體恤大家，想讓大家出來放鬆一下，順便學點東西，不知道我猜得對嗎？

如果是這樣的話，要不然您根據您對員工的了解，提幾個大致的主題，這樣我也好有個參考的方向，您看行嗎？」

對於前後兩種說法，如果你硬要挑前者的毛病，好像也沒有。但是你有沒有發現，後者會更有隨性聊天的感覺，也會讓對方更沒有顧忌地去表達內心的想法。

案例 4：電子產品行業

如果你從事電子產品行業，客戶說：「你們產品的價格比別家貴了很多。」你答：「哪裡貴啊，我們的價格很公道。」或者說：「一分錢一分貨，我們的產品品質好啊。」這些顯然都不太好。

如果你這樣說：

「張總，您能這麼說，我猜您一定是做過功課、專門了解過，才會得出這樣一個結論。

所以，張總，如果方便的話，可否請您告訴我，您對比的具體是哪幾家？我也想看一下，如果配置果真都一樣的話，那您選我們就真的虧了，即便您還願意給我機會，我也不好意思再繼續推薦您了。不知道您方便告訴我嗎？」

猜一下他的情況，然後接著問他對比了哪幾家。這個時候，如果客戶是騙你的，他根本就沒有對比過，只是想試探你一下，那麼他就一定會露餡，這對你堅持價格肯定是有好處的。但是如果客戶果真對比過，你的這一番話也會是一個很好的提醒，讓客戶覺得，似乎也不能只看價格，還要看看具體的配置。那麼雖然你的產品價格貴，你還是有機會成交的。

案例 5：保險行業

如果你從事保險行業，客戶說：「我想買一款醫療險。」你想了解一下客戶的購買動機，如果你問：「您為什麼想買醫療險呢？」這樣過於直接。

你可以這樣說：

「張小姐，特別感謝您能諮詢我。只是，根據我多年服務客戶的經驗，如果客戶主動來諮詢保險，基本都是因為家裡發生了什麼事情，或者朋友發生了什麼事情，受到啟發，才會來諮詢的。我猜想您的情況，大致也是如此吧？」

你看，猜出客戶的想法，客戶肯定會跟你爆料更多，到時候你就有機會了解他更多的潛在需求、成交更人的訂單。

最後，對預設型問題做一個實作要點提示。

1.「猜」的本質是懂客戶

預設型問題表面上看很輕鬆，像在玩遊戲，但是其實這是懂客戶的體現。實際上，無論猜對猜錯，都是懂客戶的體現。猜對了，說明你很懂你面前的這位客戶；猜錯了，說明你很懂其他的客戶，但是恰好你面前的這位客戶是個例外。在這樣的前提下，如果猜對，客戶會覺得你是

模組二　能力篇

知己，願意跟你敞開心扉；如果猜錯，客戶會覺得情有可原，因為他也知道自己的想法跟別人有點不一樣。

所以，要設計好預設型問題，技巧只是表象，關鍵是對客戶心理的深刻洞察，要了解客戶的所思所想，才可能做到一語中的、一句話說到客戶心坎裡。

2. 藉助第三方角度柔化表達

如果你猜測的答案比較敏感，你擔心會冒犯客戶，可以選擇用第三方的角度來表達。比如：「很多客戶都會這樣想，我猜您也是如此吧？」、「很多客戶都會這麼做，我猜您的情況也差不多吧？」這樣就會顯得委婉一點。即便客戶真的被冒犯了，他也不會針對你。

03　選擇型問題：別出論述題，要出選擇題

論述題太費腦，選擇題更簡單。

如果朋友來你家做客，你問他：「想喝點什麼？」

朋友可能一時半會兒不知道要喝什麼，也擔心自己要的你們家沒有，會很尷尬。

但是如果你加上一句：「咖啡、紅茶還是果汁？」他回答這個問題就簡單多了。

這就是選擇型問題。

經典問句：「三個選項，您願意選擇哪種？」

或許有的人會聯想到之前被用得比較多的一種銷售技巧──「二擇一」，這與選擇型問題有什麼區別呢？僅僅是多了一個選項嗎？

其實,二者看似都是選擇題,但是它們的具體使用場景是不太一樣的。

二擇一的選擇題,是一種典型的封閉式問題,經常被用於銷售流程快結束的時候,起到試探客戶態度的作用。比如問客戶:「地址是寫家裡還是寫公司?」只要客戶選了,就意味著客戶有極大的購買意向。當然,這種問題也要慎問,如果連續提問 3 個或以上,會帶給客戶很強的壓迫感。

但是三擇一的選擇題,你可以理解為一種開放式問題的變形,因為問題本身比較難、比較複雜,客戶一時半會兒可能想不到答案,就用選單式的方式來啟發一下客戶的思路。目的不是讓客戶非得從中選擇一個,而是幫助客戶找到回答問題的靈感,然後盡快聚焦到一個有價值的方向上深入討論。當然,如果選項恰好能夠擊中客戶的內心,效果更好。

所以,二擇一通常被用於一些比較簡單的確認資訊類問題,而三擇一則更多被用於一些比較複雜的深層探討類問題。

既然是深層探討,那麼選項的設計就變得尤為重要。如果設計不好,可能不僅無法深層探討,還會讓客戶質疑你的專業度,覺得你根本不懂他。

那到底應該怎麼問呢?我們接下來以培訓行業為例進行具體解析。

案例 1:如何用選擇型問題詢問客戶面臨的具體情況?

這裡可以參考我們在前文中學過的「30 秒廣告」。30 秒廣告的本質,就是探測客戶的痛點,即詢問客戶的問題。你可以這樣說:

「張總,通常會對我們這個課程感興趣的客戶,其銷售團隊基本上都

模組二　能力篇

會面臨以下幾個問題——

第一，客戶開發成功率太低。銷售人員手上明明有一堆好名單，但是打電話時總被客戶秒掛電話。所以他們希望有一套行之有效的客戶開發策略；第二，溝通方式比較生硬。銷售人員經常因為說錯話而得罪客戶。所以他們希望有一套基於客戶心理的高情商的溝通邏輯。

第三，銷售的過程太被動。客戶總有無數的「考慮」、「商量」、不理睬，銷售人員難以應對。所以他們希望有一套科學嚴謹的銷售流程，可以提高成交效率。

當然，每個團隊的情況都不太一樣，我不確定您這邊是否也會面臨類似的一些挑戰呢？」

你看，提前總結好幾個客戶經常面對的挑戰場景，以選擇題的形式丟擲來，既顯得你很專業、很懂客戶，又降低了客戶回答問題的難度，還能引導客戶分享更多的資訊。

案例2：如何用選擇型問題詢問客戶的目標？

假如你想詢問客戶的培訓目標，如果你直接問：「不知道您想透過這次培訓，達成什麼樣的目標呢？」這樣也不是不可以，只是，有可能得到的答案比較籠統。有時候，不是客戶不願意回答，而是有些問題他之前沒有想這麼細緻，突然被問到，不一定能答得很具體。

如果你想更新提問策略，可以使用好奇型問題，這樣問：

「張總，我知道您公司是有培訓部的，培訓資源很多，優秀老師也很多，所以我就有點好奇，不知道像貴公司這樣的大公司要外請培訓的話，主要是想透過培訓達成什麼樣的目標呢？」

或者，你想用預設型問題，你也可以問：

「張總,我知道你們公司培訓體系很完善,培訓資源也非常豐富,我猜想,您之所以還會考慮外請老師來培訓,應該是對學員的某些技能還有更高的要求吧?不知道您最希望提升的是他們的哪些專業技能呢?」

通常情況下,這兩種問法已經可以解決問題。但是如果客戶說得還是不夠具體,或者你想進一步降低客戶回答問題的難度、讓客戶更加暢所欲言,你就可以使用選擇型問題,這樣說:

「張總,根據我的經驗,很多客戶之所以會選擇我們的銷售課程,通常是基於如下幾個小目標——

第一,現有的客戶資源比較豐富,想要提升老客戶的復購率;第二,現有的客戶資源嚴重不足,想要開發新客戶,並提升新客戶的轉化率。

第三,公司近期推出了新產品,想集中火力快速出單。

當然,每家公司的情況都不太一樣,不知道您這邊之所以想要安排一次銷售課程,是希望達成什麼樣的目標呢?」

你看,讓客戶做選擇題,效果更好。只是,這對銷售人員挑戰較大,需要你提前把這些客戶的目標整理出來,以便形成選項。同時,相信你也可以看出,這三類問題——好奇型問題、預設型問題和選擇型問題,難度是遞增的。實作的時候,可以根據不同的情況、不同的客戶,靈活選用。

案例3:如何用選擇型問題詢問事件發生的原因?

假如客戶提到其過往的培訓效果不太好,你想了解一下具體原因,如果你直接問:「不知道您這邊過去培訓效果不太好,大致是什麼原因造成的呢?」這樣問,大概是問不出什麼結果的。因為,探尋原因的問題,本身難度就大,專門分析都未必能分析出結果。更何況,你是在閒

聊中突然問客戶，客戶一點準備都沒有，更沒有辦法給出什麼有說服力的解釋了。

如果你想更新提問策略，可以嘗試使用好奇型問題，這樣問：

「張總，我確實有點好奇，按理來說，像貴公司這樣的大公司，採購流程都是比較嚴謹的，跟老師本人也會有提前的充分溝通。在這樣的情況下，培訓效果還是不能達到預期，不知道站在您的角度來看，您覺得大致是什麼原因造成的呢？」

或者，你可以使用預設型問題，這樣問：

「張總，我知道像貴公司這樣的大公司，採購流程都是比較嚴謹的，跟老師本人也會有提前的充分溝通，在這樣的情況下，如果培訓效果還是不太理想，我猜想，會不會是由於沒有安排後續的輔導和答疑，導致學員沒有辦法很好地消化課程內容呢？」

當然，如果你想提高效率，或者希望話題的討論可以更聚焦一些、不要過於分散，你就可以使用選擇型問題，這樣說：

「張總，根據我個人的經驗，通常培訓效果不太好，可能是以下幾個原因導致的——

第一，老師在課堂上提供的碎片化技巧太多，卻沒有串聯成一個系統，導致學員在課堂上學得似乎很帶勁，但是一旦面對客戶，卻不知道該用哪招；第二，有些技巧看似效果很好，但是壓迫感很強，學員學的時候本身就不是真心認同，所以實際面對客戶的時候，即便知道怎麼說，也完全說不出口、用不出來。

第三，課後沒有相應的輔導。如果學員在運用一套新方法銷售的過程中遇到問題，卻無法得到老師的及時解答，那麼即使方法再好，學員

也會逐漸放棄使用，覺得還不如用老方法更熟悉、更順手。

當然這只是我自己的經驗總結，不一定對。不知道您覺得，您這邊過去培訓效果不太好大致是什麼樣的原因導致的呢？」

你看，這樣提問，透過對「培訓效果不好」的原因進行分析，既可以塑造你的專業形象，還暗示了客戶，你們的課程絕對不存在剛剛提到的這些問題。

案例4：如何用選擇型問題詢問客戶曾經採取的行動？

假如你想了解一下客戶過去面對這個問題時的應對措施，如果你這樣問：「不知道您過去為提升業績都做了哪些嘗試呢？」這樣也不是不行，但是顯得太官方、太正式，也缺乏啟發性，有的時候會讓客戶不知道該怎麼回答。

如果你想更新提問策略，可以使用好奇型問題，這樣問：

「張總，我知道您在這個領域非常資深，在銷售管理方面也特別在行，所以我還真是有點好奇，不知道您過去在提升業績方面，都嘗試了哪些特別不錯的做法呢？」

或者，你可以使用預設型問題，這樣問：

「張總，現在有一個概念特別熱門，叫案例萃取，我猜想您一定聽過吧？就是請老師來公司，將團隊裡業績比較好的銷售主管和銷售菁英的成功案例萃取出來，形成課程，供團隊成員學習使用。不知道您對這樣的做法怎麼看？」

透過預設型問題猜一個答案出來，投石問路，那麼對於客戶有沒有做過、如果做過是一個什麼樣的情況，就可以全盤了解了。

當然，同樣地，如果你覺得客戶似乎說得不夠具體、不夠詳細、有

所保留，你就可以運用選擇型問題，這樣說：

「張總，如何提升銷售業績這個問題，在如今的市場環境下，確實令很多客戶很頭痛。據我所知，大多數客戶通常會採用如下幾種做法——第一，案例萃取，請一位老師將團隊裡業績比較好的銷售主管和銷售菁英的成功案例萃取出來，形成課程，供團隊成員學習使用；第二，選擇網路訓練營，比如為期 7 天、14 天或 21 天的那種，有課程，也有老師輔導，而且成本可控。第三，選擇線下課程，請老師直接來公司授課，面對面解決學員的問題。

當然，這只是我看到的情況，不一定符合您的實際情況，不知道您在這方面都嘗試過哪些比較不錯的做法呢？」

即便客戶一開始不願意跟你交底、交心，你都說到這個程度了，似乎也到了他吐露真言的時候了。

當然，設計選項的時候要比較慎重。如果能貼合客戶的認知、充分反映客戶的心聲，效果會非常好。但是如果設計的選項跟客戶的實際情況相去甚遠、不是這個類型的客戶會想到的一些解決方案，也可能會弄巧成拙。

案例 5：如何用選擇型問題詢問客戶想要的解決方案？

假如你想問客戶關於解決方案的大致思路，如果你這樣問：「那您大致想怎麼解決這個問題呢？」這種問法過於廣泛，很可能讓客戶不知道該怎麼回答。甚至，如果你的語音、語調沒有把握好，還會讓一些客戶反過來質疑你：「你不就是來解決問題的嗎？怎麼反問我？」

如果你想更新提問策略，可以試試用好奇型問題，這樣問：

「張總，根據您剛才回饋的情況，我還真是有點好奇，假如現在有一

份最適合您的方案就擺在您的面前,您覺得,這樣的一份方案,它大概是什麼樣的、至少需要達成什麼樣的標準或條件呢?」

這樣的問法,雖然也沒有提供特別具體的資訊去啟發客戶,但是為客戶建構了一個想像的空間,對於那種思想比較活躍、點子比較多的客戶,這一招會非常好用。

或者,你也可以試試用預設型問題,這樣問:

「張總,根據您剛才回饋的情況,我大膽猜測一下,最符合您需求的方案,至少應該滿足三個特徵 —— 第一,課程要有充分的訓練;第二,課程要結合剛推出的新產品;第三,課後要有充分的輔導。不知道我猜得對嗎?」

這樣的問法是建立在你跟客戶前期的溝通中,客戶敞開心扉、聊了很多,你也做了相應記錄的基礎上。這個時候,你就可以透過概括重點的方式,總結一下客戶的意思,既發揮到回饋的作用,也可以讓客戶在此基礎上做一個更有針對性的補充。

當然,如果你覺得在你跟客戶交流的過程中,你已經能夠很好地把握客戶的需求,並且也在大腦裡形成了幾個大致的解決思路,你就可以用選擇型問題,來更高效地明確客戶的解決方案。比如,你可以這樣說:

「張總,根據您剛才回饋的情況,再結合我服務客戶的經驗,我推薦您幾個解決思路,您先聽聽看,不合適我們再調整。

第一,採用 2 天的課程+為期 1 週的輔導,這種設計可以幫助學員基本消化課程內容,解決學員在使用初期出現的大部分問題;第二,採用 2 個階段 4 天的課程+為期 1 個月的輔導,這種設計可以確保學員全部消化課程內容,並且可以回爐檢測學員的實際使用效果;第三,採用 3 個階段 6 天的課程+為期 3 個月的輔導,這種設計就不僅是單純的訓

練和輔導了，而是跟業績直接掛鉤，可以體現出課程對業務的貢獻度。

不知道您粗略聽下來，覺得哪種思路更合您的意呢？」

這樣問，一旦客戶可以從中做出選擇，基本就算大功告成了。即便客戶不能立刻做出選擇，你們的討論範圍也可以被大幅縮小，成交效率會更高。

最後，對選擇型問題做一個實作要點提示：

1. 選擇型問題對專業度要求很高，越懂客戶、選項設計得越好，效果越好

選擇型問題，最考驗銷售人員的功力，也最能體現銷售人員的專業度。

很多人可能會以為，專業度就是對產品的了解，越了解產品，銷售人員就越專業。其實，這是對專業度的極大誤解。真正的專業度，對產品的了解只是基礎，不是說這不重要，而是說，這只是一個入門級的要求。真正充分體現專業度的，是對客戶的深切了解，是對客戶痛點的敏銳把握，是想客戶所想、急客戶所急。只有在這個基礎上，銷售人員的提問水準，尤其是選擇型問題的提問水準，才能提升品質。

2. 選擇型問題適用於提問一些回答難度比較大的問題

在提問的時候，你會發現，對於簡單一些的問題，往往好奇型問題和預設型問題就能搞定。但是複雜一些的問題，即便客戶想回答，他也不知道該怎麼回答，這個時候就比較適合運用選擇型問題。因為這樣既可以讓客戶做選擇題、降低回答難度，也可以在這些選項都不對的情況下，發揮啟發客戶的作用。

04　鐘擺型問題：別步步緊逼，要以退為進

聰明的進攻都像在撤退。

故事 1：

有一頭牛，窩在牛圈裡怎樣都不肯出來做事。幾個成年人花了幾個小時都沒辦法讓牠出來。一個聰明的小男孩卻想到了一個辦法，才用了幾分鐘，就讓這牛頭衝出了牛圈。

大家猜猜，這個小男孩想到的辦法是什麼？

很簡單，他只是找了一群小孩，聚集在這頭牛的身後，拚命向後拉牛的尾巴。他們越向後拽牛的尾巴，這頭牛就越拚命向前掙脫。於是，當力量累積到一定程度，孩子們手一放，牛就自己衝出來了。

故事 2：

一位母親希望自己的孩子能學好鋼琴，她為孩子報了鋼琴培訓班，風雨無阻地送孩子去學琴，在家也積極督促孩子練琴。但是她卻發現，她越積極推動，孩子越被動懈怠，剛開始還有一點興趣，現在卻蕩然無存。因為鋼琴，母子的親子關係也變得很緊張。

有一天，這位母親終於「妥協」了，對孩子說：「雖然媽媽特別希望你能學好鋼琴，但是看到你這麼不喜歡，媽媽從今往後就不逼你了。反正鋼琴就放在那，你想彈就彈，不想彈也沒關係。接下來我也會幫你退掉你的鋼琴課，未來如果你還想學我們就再報，不想學我們就不報了。」

孩子聽完，卸掉壓力的同時，似乎突然找回了想學鋼琴的初心。鋼琴在他眼裡，也從「對抗媽媽的工具」變成了「美妙生活的伴侶」，最終他改變了想法，重新愛上了鋼琴。

這兩個小故事帶給你什麼啟發？

反向用力，正向結果。

為什麼反向用力能取得這麼好的效果？因為人有一種普遍的心理，叫反抗心理。這是每個人都有的，只是程度不同。你越讓他朝東，他就越要朝西。所以，如果你想讓客戶盡快成交，你越逼他前進，他就越會後退。但是，只要你把這股高壓的力量撤銷掉，反向用力，他就會主動向你靠近，並最終帶你去成交。注意哦，不是你帶客戶去成交，而是客戶帶你去成交，是不是很神奇？用這個原理設計出來的問題類型，就叫鐘擺型問題。

為什麼會叫「鐘擺」呢？

鐘擺原指掛鐘下面那個會搖擺的小物件。你有沒有發現，當你把鐘擺撥向左邊時，它會有一種極強的力量回彈到右邊，而當你把鐘擺撥向右邊時，它也會有一種極強的力量回彈到左邊。鐘擺的這個特質，跟上文所說的反向用力是異曲同工的。「鐘擺」可以解釋為「說反話」、「以退為進」等意思。

那鐘擺型問題具體怎麼設計呢？

接下來我們分三種情況來說明，對應客戶的三種態度，分別是：積極態度、中立態度和消極態度。

情況一：積極態度

如果客戶說：「我覺得你們公司的產品滿不錯的。」你會怎麼回應？

我見過很多人，客戶沒誇獎時，他都在尋找一切機會自誇，更何況客戶主動誇獎，那還不趕緊抓住機會炫耀一番啊？於是脫口而出：「是啊，其實我們家產品真的特別好、特別厲害……」吹噓一通。但是，如

果你真的這樣做的話,你就不僅浪費了一個絕佳的讓客戶自我說服的機會,甚至有可能,基於反抗心理,你還會把客戶推向你的對立面。

你可以使用鐘擺型問題,這樣說:

「真的嗎?聽到您這麼說,我還真是有點受寵若驚呢。我之前看您表情嚴肅,還以為您對我們家產品不感興趣呢。所以,張總,我有點好奇,到底是我們家產品的哪個特點讓您覺得還不錯,因此給了這樣的評價呢?」

你這麼說完之後,張總會怎麼說?張總會不會很自然地告訴你他認可的那些特點?而他一旦說出了這些特點,不就進一步強化了這些特點對他的價值嗎?而且,這是用客戶的嘴巴來強化的,比你自己說出來,效果可好多了。

那客戶說完之後,你又該怎麼接話呢?

有些人又按捺不住了:「是啊,您眼光真好,我跟您說,要是沒有這一點會⋯⋯有了這一點又會⋯⋯」又是一番大肆渲染。

其實你完全可以穩住,繼續使用鐘擺型問題:

「是嗎?張總,您說的第一點我還能理解,這確實是我們家產品的獨特優勢,但是您說的第二點我還真是沒想到。因為我一直以為,可能只有一些銷售型的公司才會看重這一點,對於像貴公司這樣的生產型公司而言,這一點真的重要嗎?」

於是,客戶又會繼續告訴你他們公司的現狀,以及他對這個問題的看法。這樣,客戶認可的那些特點和優勢就自然而然得到了強化。

所以,未來,當客戶對你、你的產品、你的公司、你的行業表現出一定的認可時,千萬不要自作聰明地用自己的語言去強化這份認可,而要用以退為進的方式,啟發客戶用他的語言來強化這份認可。

模組二　能力篇

情況二：中立態度

　　如果你銷售的是一門企業經營管理類的課程，面對的是一位企業老闆，你跟客戶正處於接觸的初期，客戶還沒有表現出明顯的興趣或需求。這個時候，你想試探一下客戶的想法，你會怎麼說呢？

　　有的小夥伴是這麼聊天的：「張總，最近幾年，生意怎麼樣啊？我看您的幾位同行壓力都很大，您這邊還好吧？」

　　這樣的話乍一聽沒毛病，但是仔細一思索，透露著一種不看好別人的潛臺詞，彷彿在說「你也好不到哪裡去」。所以，對方可能會回一句：「還行，馬馬虎虎過得去。」說完不太會有欲望爆料更多的細節。一個被打擊的人，又怎麼可能有傾訴的欲望呢？他不反駁你就算好的了。

　　但是，如果你使用鐘擺型問題（高估）：

　　「張總，您做這一行快 5 年了吧？從剛開始的門外漢，到現在已經成為一名資深專家，您有沒有想過擴大經營，再開一家店？」

　　這個時候，對方可能會說：「哪有那麼容易啊，本來是有過這個念頭的，誰承想，行業政策突然調整⋯⋯一下子就拉低利潤了。」

　　你繼續使用鐘擺型問題（懷疑）：

　　「不會吧，您當初做這一行不就是因為看到政策的利好嗎？怎麼可能短短 5 年時間風向就變了，您是不是對新政策有什麼誤解呀？」

　　接下來，對方肯定會爆更多的料，以證明自己的理解有多準、自己的生意有多難。這樣繼續聊下去，客戶的痛點不就自然而然聊出來了嗎？那你的機會不就來了嗎？

　　這裡鐘擺型問題的邏輯是，你越誇客戶的生意做得好，客戶就越會謙虛地說自己的生意做得一般。然後你找出更多理由來證明，在你的眼

中他的生意的確做得非常好，他也會找出更多理由來告訴你，他的生意出現了什麼問題、遇到了什麼危機。如果你表示完全不相信有這回事，他就會拿出有力證據來證明確實是這樣。總之，你越退，客戶就越進。

在這個案例中，鐘擺型問題的具體表現是「高估＋懷疑」，用高估來激發對方謙虛的欲望，再用懷疑來激發對方想要進一步解釋的欲望。這樣，一個剛開始沒什麼明顯需求的客戶，在一次次鐘擺之下，居然成了一個有需求的客戶。

鐘擺型問題絕對可以成為應對中立客戶的「殺手鐧」。

我做培訓的時候，發現很多人對中立客戶，即那種看上去沒什麼需求的客戶，是比較束手無策的。實在沒辦法時，他們就會去刺激客戶、教育客戶、主動提醒客戶，這有風險，那有問題。但越是這樣做，效果就越差。

因為人都不喜歡被打擊、被否定，即便他真的很差，你也不能否定他。更何況，他也沒覺得自己有多差，卻被你否定，心中更是充滿了抗拒感。

但是，一旦你看好他，尤其是找到很扎實的理由看好他時，情況就完全不一樣了。他會不由自主地進入「謙虛模式」。而一旦進入謙虛模式，那些你打著燈籠都找不到的問題和痛點，就自然而然浮出水面了。

所以，面對中立客戶時，如果你想讓客戶承認自己有問題，很簡單，你只需要發自內心地告訴客戶他很好、他很棒、他很厲害、他很優秀，甚至心安理得地找出一堆客戶不需要你的理由。只要你能做到這樣，那些你最想聽的話，客戶都會告訴你。

看到這裡，可能有些人會提出如下三個問題。

模組二　能力篇

問題 1：客戶的生意明明做得不好，我卻說他做得好，會不會很違心？

其實，世間的事物都有兩面性，再好的人，身上也有缺點，再壞的人，身上也有優點。客戶的生意亦如此，好壞是相對的，參照物不一樣，評價的結果就會不一樣。即便面對同一個事件，樂觀的人也總能從危機中看到轉機，而悲觀的人卻總能從希望中看到絕望。你當然可以選擇從負面的角度談你對客戶的負面評價，但是這樣做的結果就是溝通之門關閉，客戶拒你於千里之外。你也可以選擇從正面的角度談你對客戶的正面評價，這樣的話你們的溝通就可以很順暢。選擇權在你手裡，你完全可以自由選擇。而鐘擺型問題，只是選擇了一個此時此刻對你更有利的溝通角度而已。這只是一種溝通策略，跟是否違心無關。

當然，如果是本身性格就比較樂觀開朗的人，要做到這一點並不難，但是如果是平時的心態就有點悲觀、看待人和事物比較容易第一眼就看到缺點和不足的小人，可能確實需要好好調整一下心態，盡量培養一雙能夠看到「優秀之處」、「卓越之處」、「美好之處」的眼睛。這樣，你就不僅可以用好鐘擺型問題，更可以成為一個與人為善、受人歡迎的人。

問題 2：客戶本來沒需求，但是一番鐘擺之後，客戶卻有了需求，這會不會有點騙客戶的意思？

這個問題不存在。如果你看到鐘擺成功了，即你問了鐘擺型問題之後客戶居然有需求了，那只能說明一件事，即客戶本身就是有需求的，只是他之前沒有覺察到，是你用鐘擺型問題幫助他發現了自己的需求。

這個時候，客戶不僅不會感覺不好，相反，還會感謝你，因為你的出現意味著他有機會讓自己變得更好。但是如果鐘擺失敗了，即你問了鐘擺型問題之後客戶依然覺得自己沒問題，這種情況也很正常，那麼你

要做的就是尊重客戶，結束銷售流程、做好服務，以待未來更恰當的合作時機。

所以，使用鐘擺型問題，並不一定會成功，成敗都有可能。你可以有向成功推進的信心，但是也需要有接受失敗的勇氣。本質上，鐘擺型問題不是一用就靈的靈丹妙藥，也不是屢試不爽的致勝法寶，它只是一種測試機制，或者說篩選機制，篩出對的客戶去跟進，篩出不對的客戶結束交易。

問題 3：萬一我怎麼鐘擺，客戶都不爆料，怎麼辦？

假如你怎麼使用鐘擺型問題，客戶都表示一切很好，那第一種可能是，客戶真的沒什麼問題，這也意味著，他不是你的客戶，你找錯人了。那麼你就先做服務，等待時機。

第二種可能是，你的鐘擺幅度不夠大，還沒激起客戶內心強烈的傾訴欲望和解釋欲望。意思是，你認為的「高估」在對方看來就是他的實際情況，那他為什麼要謙虛呢？他甚至會覺得你小瞧他，反而開始自吹自擂。遇到這種情況，你就提高一個等級，再往上高估就對了。這跟喝酒的道理是一樣的，每個人對酒精的耐受力不一樣，有的人喝 10 度的酒就醉了，有的人喝 50 度的酒還清醒著呢。如果火候不夠，往上調高「度數」就可以了。

情況三：消極態度。

案例 1：銷售後期，客戶態度不明朗、沒表態，怎麼辦？

可能有的小夥伴面對這種情況，會直接開始逼單：「張總，您就放心吧，真的沒有任何問題。那麼多客戶都選擇了我們，一定錯不了，您就不要再猶豫了。」

模組二　能力篇

你以為，你說讓客戶放心，客戶就真的放心了嗎？很可能，他不僅不會放心，反而在被你逼迫的過程中，產生了莫名的擔心，懷疑自己會做錯決定。

但是，如果你這樣說：

「張總，看得出來您似乎對我們這次的合作還有一些顧慮。其實，沒關係的，您有任何顧慮都可以提出來。今天的交流，不就是為了來判斷一下，我們彼此究竟合不合適嗎？

您放心，如果您的顧慮我們能解決，當然很好，如果我們解決不了，我也會明確告知您，並主動退出與您的合作，絕對不會讓您為難。所以，您可以把心裡的顧慮告訴我嗎？」

什麼叫放心？這才叫放心。「您把顧慮告訴我們」，這叫放心。「您可以不選我們」，這也叫放心。相反，威逼利誘也好，盲目承諾也罷，不僅不能讓客戶放心，還會讓客戶擔心、把錢包捂得更緊了。背後的原理就是反抗心理。

所以，只要客戶不前進，你就撤退。只要客戶不表態，你就撤退。只要客戶在猶豫，你也撤退。這樣的策略不僅可以在客戶有顧慮時即時解除顧慮、避免顧慮發酵到無法處理的地步，還可以在客戶沒有明顯顧慮的情況下，給客戶一個安穩踏實的心態，讓客戶在一種理感兼備的情況下從容做出決定、完成簽單。

到這裡，可能有的人又要問了：

「萬一客戶本來沒有顧慮，這樣的問法會不會憑空製造出客戶的顧慮，讓銷售的結果出現變數？」

我也聽到有些銷售培訓師這樣告訴學員：「千萬不要主動問客戶有

什麼問題、什麼顧慮,這樣只會製造問題,相反,要多問客戶的滿意之處,這樣才能讓客戶順利簽單。」

對於這個問題我是這樣看的,強化客戶的滿意之處絕對是重要且必要的,但是不提客戶的顧慮點我卻不太認同。因為顧慮到底有沒有,客戶自己心裡最清楚,既不會因為你提了,它就憑空產生,也不會因為你不提,它就自動消失。

你的提醒,更多的是發揮一個「鏡子」的作用,如實反映客戶內心的想法而已。同時,你的提醒也會集中客戶的注意力,讓客戶有機會直接面對自己的顧慮,做出一個更認真的評估。如果評估之後他覺得問題可以解決或者可以忽略不計,那自然就能成交。但是如果評估之後他覺得問題解決不了或者你的方案不是最好的,那當然就會結束交易。

成交,一定是在客戶覺得收益足夠大,而風險足夠小的情況下才能達成的,只強調收益、不重視風險,只強調滿意點、不解決顧慮點,這樣的訂單才會充滿變數,要麼在簽單的時候遇到阻礙,要麼在簽單之後出現悔約。

所以,如果你只重視成交率,你當然可以只強化客戶的滿意度,但是如果你同樣重視退單率,請主動解決客戶的顧慮點。

說到底,銷售不是欺騙,讓客戶明明白白做決定,簽單效果才會更好。

案例2:客戶說要考慮考慮,怎麼應對?

這個問題其實在本書前面的章節中講過了,只是前文講的時候沒有說明原理,現在我們再拿出來分析一下。

如果按照傳統的銷售模式,有些人可能會這麼回應:「張總,您還

考慮什麼呀？您放心，買了之後您肯定會感謝我的。而且，我們的優惠也馬上到截止期了，您可要抓緊時間啊。」這樣的回應只會把客戶越推越遠。

但是如果你這樣說：

「張總，感謝您還願意跟我說您要考慮考慮。但是我有一種感覺，不知道對不對，其實您應該是不會考慮了，只是您人特別好，不想直接拒絕我讓我失望，所以才用了這樣一種委婉的方式來表達，不知道我猜的對嗎？」

你這樣說，客戶本來還想裝裝樣子，現在看來也裝不下去了，只好真心相待了。一旦真心相待，你不就可以了解真相了嗎？

如果客戶回應具體的顧慮，你就可以說：

「原來您擔心的是這個問題啊。張總，可能是我之前有點疏忽了，真的很抱歉，不知道我現在還有沒有機會做一個簡單的補充解釋呢？」

只要了解到真相，你就有了扳回一局的機會。

但是如果客戶的回應是不合作了，你可以繼續詢問原因，具體怎麼說？可以看下一個案例。

案例3：客戶明確告知不合作了，怎麼應對？

有的人可能還是捨不得放棄，會盡量挽留客戶，但是通常採取的方式，只是卑微地懇求。這個顯然沒什麼用。

其實這個時候，你依然可以使用鐘擺型問題。有的小夥伴可能會疑惑：「客戶都說不合作了，還怎麼用鐘擺型問題啊？鐘擺的極端情況不就是不合作嗎？」

這裡，你可以把它理解為：擺無可擺，就原地鐘擺。這樣說：

「張總，既然您已經做出了決定，那我也就不再繼續為您推薦了。只是，不知道能否請您幫我一個小忙？就是能否告訴我，您是基於怎樣的考量最終做出這樣一個決定的？這樣我也可以學習一下，以便未來面對其他客戶的時候，能夠做到心中有數，您看可以嗎？」

爽快接受客戶的決定，再以追問原因的方式來繼續話題。這樣既可以弄清楚客戶真正的想法，也可以在得知想法之後做出判斷，看看到底還有沒有反敗為勝的機會。如果有，就去爭取，如果沒有，也可以禮貌放棄。但是無論是什麼，都可以做到乾脆俐落，不會拖泥帶水。

如果聽完客戶的原因，你發現客戶有重大誤解，而你是完全有機會勝出的，你可以接著說出下面的話：

「張總，感謝您能如此坦誠地告訴我。我知道，您現在肯定不會再選擇我們了，所以，在我離開之前，我也想請您暫時忘掉我銷售人員的身分，暫時把我當成一個朋友，我想以朋友的身分跟您最後說幾句心理話。或許您會覺得有點冒犯，但是我絕對是出於真心，您願意聽聽嗎？」

這樣，你就可以抓住客戶的認知漏洞，快速顛覆他的認知，無論結果如何，都不留遺憾。

接下來，對鐘擺型問題的運用做一個策略總結：

(1)對積極態度的客戶，鐘擺型問題的作用是強化認知客戶態度積極的時候，千萬不要順著桿子向上爬。放大積極態度的最好方式，就是提出以退為進的鐘擺型問題。記住，只要你開始得意、炫耀，客戶就有可能走向你的對立面。只有你美而不自知、優秀而不自知，客戶才有興趣向你表達他真正的讚賞。

(2)對中立態度的客戶，鐘擺型問題的作用是探測痛點其實這一點和30秒廣告的探測痛點有異曲同工之妙。只是30秒廣告適用場景更多，應對陌生人、熟人，任何場景都沒問題。而鐘擺型問題，應對熟人更合適。因為運用鐘擺型問題的時候，還是需要對客戶有一定的了解、一定的熟悉度的。否則，你的高估、懷疑無從談起。同時，話題也是在閒聊中展開的，沒有那麼正式。所以，運用鐘擺型問題開拓熟人客戶，更能做到潤物細無聲。

(3)對消極態度的客戶，鐘擺型問題的作用是了解真相消極態度的客戶，內心肯定是有想法的，要麼還有顧慮沒有解決，要麼已經做出拒絕的決定。這個時候你要做的，就是運用鐘擺型問題了解真相。如果他有顧慮，弄清楚他顧慮的原因是什麼，如果他想拒絕，弄明白他拒絕的理由是什麼。只有了解了真相，你才可能找到解決問題的關鍵。否則，一切策略只是空中樓閣。

最後，對鐘擺型問題做一個實作要點提示：

1. **鐘擺型問題有效的關鍵，是設計鐘擺的充分理由下面針對客戶的三種態度來具體解析。**

面對積極態度的客戶時，你說你不知道客戶滿意的原因，肯定是要有理由的。是因為他之前對你的態度有點冷淡，還是因為他的那些挑剔，抑或是因為什麼？總之你需要有一個理由來支撐。否則，你用鐘擺型問題就會顯得很假、很刻意，客戶也會感受到。

面對中立態度的客戶時，你覺得客戶各方面情況都很好，你也需要找到足夠的理由去支撐你的說法，指出他到底好在哪裡、棒在哪裡、優秀在哪裡，而不是給出一堆很空很虛的說辭。你高估客戶的理由越充

分，客戶對你傾訴難處、倒出苦水的欲望就會越強烈，你才可能從中找到客戶真正的痛點。可以說，你高估客戶的理由，就是你撬動客戶需求的有力槓桿。

而面對消極態度的客戶時，這個理由是顯而易見的，因為客戶拒絕的態度就是你鐘擺的理由。你需要做的，就是搞清楚客戶為什麼會這樣想。獲取真相，再決定下一步行動。

2. 使用鐘擺型問題時，注意度的拿捏

比如，當客戶誇你的產品時，你可以謙虛地說，你完全沒有想到他會滿意，但是你不需要直接貶低你的產品。透過貶低自家產品來鐘擺，就太誇張了。

再如，當你高估客戶時，剛開始的時候，只需要比他實際的情況提高一個等級就可以了，這樣對方聽起來會覺得比較舒服，也比較容易接受。如果不奏效，就再往上高估，重點是逐級往上。千萬不要一開口就把對方誇到天上去，那樣會讓人覺得很虛偽。

3. 鐘擺型問題永遠是無可奈何下值得信任的最後一招

這是什麼意思呢？我們在銷售的過程中，總會遇到一些卡住了、無法推進的情況，或者不知道下一步該聊什麼，或者客戶完全不回應了，這個時候怎麼辦？當你把其他招都用完、子彈都打完之後，你還剩下最後一招、最後一顆子彈，那就是鐘擺型問題，也就是從客戶那裡要一個明確的結果回來。鐘擺型問題可以讓你的訂單要麼起死回生，要麼蓋棺定論，但是絕對不會半死不活、沒有結果。

模組二　能力篇

05　反問型問題：別直接作答，要挖掘動機

看到深層動機，才不會掉入陷阱。

一個女孩來到一家水果店，指著蘋果問店員：「你們家蘋果甜不甜？」

店員拍著胸脯說：「您放心，特別甜，不甜不要錢。」

女孩卻略顯遺憾地說：「其實我更喜歡甜中帶酸的，這樣口感更好。」

一個年輕人來到一家燈飾店，指著一款 LED 燈問店員：「這款燈是不是彩色的？」

店員連忙說：「我們這款 LED 燈是全彩的，可以把整個房間裝點得如同仙境一般，非常漂亮。」

年輕人卻說：「我就是不想要彩色的，顏色越多越容易壞，我只想要單色的。」

不知道這樣的尷尬事件你有沒有遇過？

客戶一問產品問題，你就立刻腦補他肯定喜歡什麼樣的，然後大肆渲染一番，結果人家想要的和你推薦的南轅北轍。事實上，你的產品系列也不是真的不能滿足客戶的需求，只是你擔心客戶不喜歡，連提都沒提。當然，之後也不是完全不能圓回來。只是，明明可以走直線，為什麼非要繞遠路呢？

其實，在客戶跟你的交流中，存在著很多資訊迷霧。什麼是資訊迷霧？就是不清楚動機的問題。每個問題問出來，其實都是有動機的，如果你不清楚問題背後的動機，就很容易讓自己掉進陷阱。

那如何才能撥開資訊迷霧呢？

最好的方式就是反問。但凡你感覺到這個問題可能有風險，就可以

暫時不回答客戶的問題,或只是簡單回答一下,再透過反問型問題,釐清對方的動機,以決定接下來的應對策略。

反問型問題,具體怎麼問呢?

你可以使用如下句型來開頭:「您這個問題問得非常好。」當然,你也可以稍稍換一換句式,如:「這是個好問題⋯⋯」、「這個問題問得有水準⋯⋯」、「很高興您能問到這個問題⋯⋯」、「很多人都問過這個問題⋯⋯」、「這是個有趣的問題⋯⋯」都可以。

這裡需要特別提示一下,因為反問型問題主要用於問一些原因類或興趣偏好類的問題,這類問題相對比較深入,會暴露客戶的真實想法,所以客戶警惕性會比較高。為了讓客戶更放鬆、更願意回答你的問題,你需要特別注意柔化鋪陳。

否則,可能你不僅問不到答案,還會遭到客戶的反駁。

接下來我們舉例說明。

案例1:幼兒教育行業

如果你從事幼兒教育行業,客戶問:「你們這裡的老師年紀多大啊?」你會怎麼答呢?

有的人一聽到客戶問這樣的問題,就會先入為主地覺得,客戶肯定喜歡年輕的老師,因為年輕的老師比較有童心,能跟孩子打成一片。於是,脫口就說:「您放心,我們這裡的老師都很年輕,可以跟孩子們打成一片。」結果,客戶說:「我喜歡年紀大一點、經驗豐富一點的老師。」你就傻眼了。

如果你稍微留意一下就會發現,這其實是個煙幕彈問題。因為有的客戶喜歡年紀大一點的老師,有的客戶喜歡年紀輕一點的老師,不能一

模組二　能力篇

概而論。既然如此，你就要先弄明白客戶問這個問題的動機所在，然後再針對他的回答設計合適的對策。你可以這樣說：

「您這個問題問得非常好。其實我有點好奇，很多家長都會比較關心我們的課程設定、課程效果之類的，您是基於怎樣的考量會比較關心老師的年紀呢？」

客戶可能會說：「我更喜歡年紀大一點的老師，這樣的老師經驗比較豐富，比較會帶孩子。」

你看，一旦了解了客戶的想法，你就知道該怎麼做了。如果你們有合適的老師，直接說明即可。如果你們沒有合適的老師，就可以進行如下的引導。當然，為了減弱你觀點的攻擊性，你需要先進行柔化鋪陳，然後再提出觀點。你可以這樣說：

「原來是這樣，您確實考慮得很周到。不過，小明媽媽，關於這個問題，我倒有一點不同的看法，不一定對，更沒有冒犯您的意思，純粹只是個人看法。不知道您願意聽聽看嗎？

我總覺得，如果年紀大一些就比較會帶孩子，那我們的爺爺奶奶不是應該最會帶孩子嗎？但是您會發現，事實並非如此，無論是在我們身邊還是在書籍、電視劇裡，都沒有充分的證據證明這一點。其實，決定會不會帶孩子的，不是老師的年紀，而是教育的方法。只要掌握了正確的方法，並熟練運用，效果就不會差。

但是如果沒有正確的方法，光憑自己的經驗和本能，真的很費力。您說對嗎？」

示弱之後，丟擲觀點，客戶是不是更容易聽得進去？如果你這樣一說，客戶就接受了，當然很好。但是如果你這樣說完，客戶似乎還是堅持自己的看法，說「我看××家的老人就帶得挺好的」。你就可以接著說：

「原來是這樣,看來是我孤陋寡聞了。不知道您是否願意跟我分享幾招您覺得最有用的帶孩子技巧,讓我也可以學習一下?」

如果客戶分享不出來,可能他自己都會覺得,自己的立場是站不住腳的。但是如果客戶可以分享出來,那麼你正好可以利用你的專業知識去做個案例分析。總之,先以反問獲取真相,再見招拆招,這樣你不僅不會掉入陷阱,還有機會將客戶從他的錯誤認知中拉出來,使他同意你的觀點,可謂一箭雙鵰。

案例 2:幼兒英語培訓行業

如果你從事幼兒英語培訓行業,客戶問:「你們這的英語老師都是外語教師嗎?」你會怎麼答呢?

我猜想有些人可能會想當然地認為,客戶肯定喜歡外語教師吧。如果你這樣想,遲早會吃虧。因為每個人的想法都是不一樣的。即便對於某個問題,有 99％ 的人都會有一樣的想法,也不能保證你遇到的這個人就是那 1％ 的例外。所以,你可以這樣說:

「您這個問題問得非常好。我猜您之所以會關注這個問題,是因為比較擔心課程的效果吧?」

客戶可能會說:「是的,我擔心外語教師不太懂臺灣人文化,也不太懂臺灣孩子的心理,從這一點上說,我更喜歡臺灣人老師。」

接下來,如果你們有臺灣人老師的課程,就可以直接介紹一下。如果你們沒有,就可以適當的引導。當然要記得柔化鋪陳。你可以這樣說:

「原來是這樣,您的擔心確實很有道理。不過,關於這個問題,我倒有一點自己不同的看法,您先聽聽看,有不對的您可以隨時打斷我。

我看到的情況剛好相反。有些臺灣人老師對文化其實並沒有深入研

> 模組二　能力篇

究，大多是之前上學時的功底。而很多外國的老師之所以願意來這裡當外語教師，是因為喜歡這裡的文化，雖然沒有先天優勢，但是幾年下來，學了很多臺灣文化。

所以，我的想法是，這個問題還真不能一概而論，需要見到具體的老師，互相了解一下，才能做判斷。您覺得呢？」

雖然你的想法跟客戶不一樣，但是也沒有否定客戶，還提出了很中肯的建議，讓客戶不得不認同，這同樣是反問的功勞。

案例 3：培訓顧問行業

如果你從事培訓顧問行業，客戶問：「你們的培訓班，一期大概多少人啊？」

你會怎麼答？你覺得客戶會比較喜歡人數多的還是人數少的呢？

為了不落入陷阱，你可以這樣說：

「您確實問了一個非常重要的問題。不過，坦白說，其實我很少在這麼早期的階段就聽到學員問到這一點。所以我有點好奇，您是基於怎樣的考量會在這麼早期的階段就特別關注這個問題呢？」

客戶可能會說：「其實我希望人數少一點，這樣有什麼問題都有機會問老師。」

如果你們的班級本來就是小班制的，你就可以直接介紹一下。但是如果你們的班級恰好是大班制的，你就需要適當的引導，這樣說：

「原來您是擔心這個問題啊，我相信任何一位好學的學員都會有您這樣的擔心。只是，關於這個問題，我倒有一點自己不同的看法，我跟您分享一下，說得不對的話，您千萬別介意呀。

我總覺得，人數少並不能確保解決您的問題。您想啊，如果老師水

準有限,您再有機會問,不是也沒意義嗎?所以,關鍵的是,老師的水準要比較高。但是,想必您也知道,好老師帶來的一個負面效果就是,學員人數一定少不了,這是無法避免的,這也是找好老師必須付出的代價。我們的課程人數每期都不太一樣,有多一點的,也有少一點的,看招生情況。但是,老師也早就考慮到學員的這種訴求,所以在課程中會專門安排回答問題的時間,您的問題基本上都會得到解答。不知道我這樣說,可以解決您的疑慮嗎?」

這樣回答,客戶基本上就不會再糾結人數多少的問題了。

案例4:保險行業

如果你從事保險行業,客戶問:「你會在保險公司工作多久啊?」你會怎麼回應?

我見過有的人是這樣說的:「我真的特別熱愛保險行業,我會做一輩子保險人。」有的則會說:「我雖然不能承諾會在這裡工作一輩子,但是5年應該是沒問題的。」類似的回答都比較缺乏說服力,因為沒有人可以約束你,客戶也會持懷疑態度。銷售人員對客戶說話,最忌諱誇大承諾。承諾就一定要做到,如果不確定能不能做到,寧可不承諾。

其實,要回答這個問題,重點是要弄清楚客戶擔心的到底是什麼。顯然,客戶對你能不能做一輩子保險業務是不關心的,他關心的是,萬一你離職了,後續的保險服務誰來做。只要你能夠解決這個問題,同時表現出踏實可靠的做事態度,他基本上就不太會計較你到底能在保險公司工作多久了。

所以,你可以這樣說:

「感謝您問了一個非常重要的問題。我猜想,您之所以會關心這個問

題,應該是比較擔心保險公司的售後服務吧?

坦白說,我的確沒有辦法跟您承諾我會在保險公司工作多久,但是2年的保險生涯讓我發現,我非常喜歡這份工作,我會繼續努力做好它。

關於後續的服務問題,您也完全不用擔心。如果您以後需要服務,無論在任何時間,您都可以透過以下3種方式非常便捷地聯繫到我們公司的保險服務專員:方式一……方式二……方式三……同時,語音溝通有錄音,文字溝通也能自動儲存,確保您的訴求會得到第一時間的及時響應。當然,我作為您的代理人以及您的朋友,為您服務也責無旁貸,您可以永遠信任我。不知道我這樣說,可以解決您的疑慮嗎?」

針對客戶的動機來回答問題,就可以避免無意義的承諾。

案例5:非特定行業

如果客戶問你:「你們的產品和別家的產品到底有什麼不同?」你會怎麼回應?

你直接答,我們的產品這不同、那不同,吹噓一通,顯然是沒用的。或許客戶心裡會想:「又來了,老王賣瓜,每個銷售人員都一樣。」

針對這個問題,你可以這樣說:

「很高興您能這樣問。坦白說,我們的產品的確是有些不同的。

只是,我確實不太確定這些不同對您而言是否重要。畢竟,每個客戶的關注點都不太一樣。如果我在不了解您關注點的情況下,泛泛地說太多,有可能反而會浪費您的時間。」

從利他的角度來解釋,會讓客戶更容易接受你的想法。

「不然您看這樣可以嗎?您先說說您這邊的實際情況,以及您的一些主要關注點,然後我再有針對性地跟您說說我們的產品和別家的產品

的不同之處。之後由您來判斷一下，這些特點是不是您所需要的。如果您完全不需要，我也會充分尊重您的決定，絕不浪費您的時間，您看行嗎？」

這樣的說法就很自然地把客戶帶到了我們的正常軌道上。

最後，對反問型問題做一個實作要點提示。

1. 要想反問有效果，柔化問題是關鍵

沒什麼銷售經驗的人在提反問型問題時，最大的失誤就是過於直接。比如：「你為什麼這樣問？」、「你憑什麼這樣想？」這就讓人極其不舒服。如果一般的問題想要有效果，都需要進行柔化處理，那麼反問型問題，就更加需要。因為反問的攻擊性更強、破壞性更大，如果不做柔化，或柔化不充分，都會讓交流的氛圍變得非常緊張。

2. 使用反問型問題的核心目的，是主動掌控銷售程序

使用反問型問題，最初的目的是釐清客戶動機、撥開資訊迷霧，但是核心目的其實是掌控銷售的主動權。所以，千萬不要問完問題就結束了，這樣只會把提問的權利再次交到客戶的手中，你會再次陷入被動的局面。你可以在回答問題之後，提出一個合適的問題，或者邀請客戶發表看法，或者透過事先約定推進到下一步，這樣你才能牢牢掌控銷售程序。

3. 反問型問題，可以與其他各種類型的問題結合使用

反問是一個和設問相對的大的提問類別，因此，它幾乎可以結合我們前面學過的所有問題類型一起使用，包括好奇型問題、預設型問題、選擇型問題、鐘擺型問題。大家可以在實踐中多多嘗試。

模組二　能力篇

增強識人力

為什麼同樣的言行會引發客戶不同的反應？

因為性格不同，反應模式不同。

如果你能分辨客戶的性格，

你就總能預測客戶的行為、搶占先機。

如果你不能分辨客戶的性格，

你就只能被動等待結果、按部就班。

01　DISC識人：別一成不變，要因人而異

標準化讓結果「不壞」，靈活性讓結果「更優」。

相傳在很久以前，彌勒佛和韋馱並不在同一個廟裡，而是分別掌管著不同的廟。彌勒佛熱情好客，所以香客非常多，香火旺盛。但是他不擅管理，盲目開支，導致廟裡入不敷出。而韋馱雖然很會管帳，但是成天陰沉著臉，太過嚴肅，搞得香客越來越少，最後香火斷絕。

佛祖在查香火的時候發現了這個問題，就將他們倆放在同一個廟裡，由彌勒佛負責公關，笑迎八方客，於是香火大旺。而韋馱鐵面無私，他就負責財務，嚴格把關。在他們的分工合作下，廟裡一派欣欣向榮的景象。

這個故事相信很多人都聽過，其實故事中的彌勒佛和韋馱分別代表了DISC中的兩種行為風格：彌勒佛是I活潑型，人際關係好，但是不擅長規範的管理；韋馱是C完美型，注重邏輯，工作嚴謹，但是不太擅長

跟人打交道。佛祖敏銳地捕捉到了這一點，知人善任，於是實現了雙贏的結果。

這種有趣的人際現象在銷售中也很常見。

當你跟客戶打交道的時候，你會發現，因為客戶的性格不同，同樣的一個行為所引發的客戶反應往往是不一樣的。比如你跟一個性格開朗的客戶閒話家常，就很自然，但是你跟一個性格嚴肅刻板的客戶閒話家常，難免自討沒趣，因為他更希望你開門見山、快速進入正題。再如你跟一個行事果斷的客戶要一個結果，就很容易，但是你跟一個優柔寡斷的客戶要一個結果，卻不會那麼順利，因為他需要權衡的因素比較多，你需要有耐心，催得太急反而適得其反。

所以，如果你想要獲得最好的銷售結果，你就需要在你學到的所有流程、方法和技巧的基礎上，結合客戶的行為風格做一定程度的微調。也就是說，銷售的邏輯不變，但是「分寸」需要拿捏。如同製作一盤麻婆豆腐，食材一樣，配料一樣，製作流程也一樣，但是面對不同地方的食客時，油、鹽、醬、醋的比例需要有所增減，這就是所謂的因人而異。這是在掌握標準化流程基礎之上對靈活性提出的一個更高的要求。因為標準化可以讓結果「不壞」，但是靈活性卻可以讓結果「更優」。

那麼，對於形形色色的人，我們該如何分類呢？

本書選擇的是 DISC 行為風格模型。DISC 闡述的是一種「人類行為語言」，來源於美國心理學家威廉・莫爾頓・馬斯頓（William Moulton Marston）博士在 1928 年出版的著作《常人之情緒》（*Emotions of Normal People*）。馬斯頓博士是研究人類行為的著名學者，他的研究方向，有別於西格蒙德・佛洛伊德（Sigmund Freud）和卡爾・榮格（Carl Jung）所專注的人類異常行為，而是由內而外的人類正常的情緒反應和行為模式。

模組二　能力篇

　　馬斯頓博士設計了一種可測量四項重要性向因子的行為測驗方法，這四項因子分別為 D──支配（Dominance）、I──影響（Influence）、S──穩健（Steadiness）與 C──謹慎（Compliance），而 DISC 就是以這四項因子的英文名第一個字母組合而命名的。

　　自 1970 年代末期開始，許多專家依據 DISC 基礎理論，對四項因子及類型名稱發展出了不同的描述方式，本書基於簡單、直觀與實用的原則，採用如圖的描述方式。

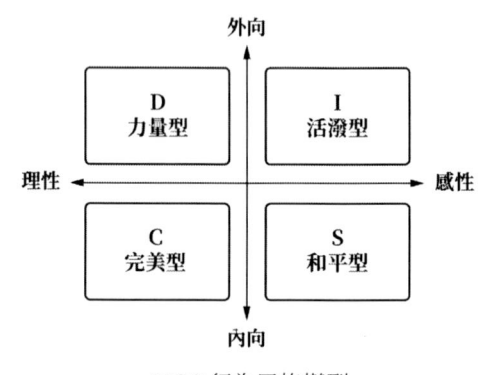

```
              外向
               ↑
    ┌───────┐  │  ┌───────┐
    │   D   │  │  │   I   │
    │ 力量型 │  │  │ 活潑型 │
    └───────┘  │  └───────┘
   理性 ←──────┼──────→ 感性
    ┌───────┐  │  ┌───────┐
    │   C   │  │  │   S   │
    │ 完美型 │  │  │ 和平型 │
    └───────┘  │  └───────┘
               ↓
              內向
```

DISC 行為風格模型

　　如圖所示，橫軸代表理性、感性，縱軸代表外向、內向，橫軸和縱軸劃分出的四個象限，正好將人的行為風格分為四種類型。理性又外向的，我們稱為 D 力量型；感性又外向的，我們稱為 I 活潑型；感性又內向的，我們稱為 S 和平型；理性又內向的，我們稱為 C 完美型。

　　接下來我們對這四種類型做一個基礎的分析。

D 力量型

　　如果用一種動物來形容 D 型的話，這種動物就是老虎。看到老虎，你會想到什麼？一山不容二虎，坐山觀虎鬥。

D 型人的外在特徵是：眼神犀利、有神、專注，視線偏上；走路快、說話快、握手有力；五官稜角分明，肌肉線條偏硬。

D 型人的行為風格是：果斷、強硬、喜歡操控；意志堅定、競爭欲強、好勝心強；要求嚴格、獨立、以自我為中心。

D 型人的典型代表是《三國演義》中的張飛、《西遊記》中的孫悟空，以及很多鐵腕政治家、影視劇中出現的硬漢角色等。他們總給人一種強勢、獨斷、說一不二、一言九鼎的感覺。

I 活潑型

如果用一種動物來形容 I 型的話，這種動物就是孔雀。看到孔雀，你會想到什麼？孔雀開屏，喜歡炫耀。

I 型人的外在特徵是：眼神明亮；走路快、說話快、握手柔和；五官稜角不分明，臉部肌肉靈活。

I 型人的行為風格是：善於交際、充滿活力；心血來潮、衝動、情緒化；富有表現力、熱情樂觀；有說服力、鼓舞人心。

I 型人的典型代表是《三國演義》中的關羽、《西遊記》中的豬八戒，以及很多綜藝節目主持人、大部分喜劇演員等。他們都有著很強的表現欲，喜歡受到關注，有點「人來瘋」。

S 和平型

如果用一種動物來形容 S 型的話，這種動物就是無尾熊。看到無尾熊，你會想到什麼？很乖，脾氣很好，不會與人發生衝突，在自己的世界裡自得其樂。

S 型人的外在特徵是：眼神柔和，很少用眼神溝通；走路慢、說話

慢、握手輕柔；表情不豐富，臉部肌肉偏厚實。

S型人的行為風格是：冷靜、沉穩、謹慎；有耐心、善於傾聽；謙虛、和藹可親；關心他人、值得信賴。

S型人的典型代表是《三國演義》中的劉備、《西遊記》中的沙僧，以及一些中小學的老師、公司行政職員等。他們往往不爭不搶、與人為善，沒事的時候，或許有點缺乏存在感，但是有事的時候，他們代表的就是不容忽視的群眾的力量。

C 完美型

如果用一種動物來形容C型的話，這種動物就是貓頭鷹。看到貓頭鷹，你會想到什麼？警覺、精明、防備心重。

C型人的外在特徵是：眼神專注、冷靜疏離；走路慢、說話慢；面部稜角分明，肌肉線條偏硬。

C型人的行為風格是：精確、重邏輯、善於分析；遵循規則、按部就班；安靜、自律；不表達感情。

C型人的典型代表是《三國演義》中的諸葛亮、《西遊記》中的唐僧，以及很多工程師、程式設計師、律師、會計師。他們是理性、喜歡思考的一群人。

這四種行為風格，如果想要快速辨識，還有一個更為簡單的方法。

你會發現，如果用行動的快和慢來區分這四種行為風格的話，顯然D型和I型行動偏快，C型和S型行動偏慢。如果用關注事和關注人來區分這四種行為風格的話，顯然D型和C型更關注事，I型和S型更關注人。這就為四種行為風格定下了基調：關注事，行動快的，是D型；關注人，行動快的，是I型；關注人，行動慢的，是S型；關注事，行

動慢的，是 C 型。

這套標準，可以幫助你作為初學者，在快速識人時提供一個簡單的參考。看到你身邊的任何一個人，先用快、慢感覺一下，他說話做事是快的還是慢的，再用人、事感覺一下，他是關注人、更感性，還是關注事、更理性，那麼你對這個人到底屬於哪個類型，就會有一個大致的認知。

最後，對使用 DISC 理論做一個溫馨提示：

1. 四種類型，沒有好壞，只有不同

換句話說，沒有哪一型是最好的，也沒有哪一型是最不好的，每一個類型，都有優點，也都有缺點，都有成功人士，也都有普通人。所以，我建議大家，學完之後，面對自己要學會欣賞，面對他人要學會尊重。

2. 每個人都有四型特質，只是比例不同、組合不同

比如，有的人 D 型特質比較突出，就會被簡稱為 D 型人，但是這並不代表他沒有別的特質，只是他別的特質沒有 D 型特質這麼明顯。同時，有的人也不是隻有一種特質突出，可能會有兩種特質，甚至三種特質都比較突出，比如有 DI 型，有 DC 型，甚至還有 DIC 型，各種特質之間會產生疊加或抵消效應。所以，我們不要僵化地看待一個人的行為。

02　D 型客戶：別過度討好，要適度堅持

D 型人到底是什麼樣的人呢？我們從 8 個維度來展開分析。

維度 1：關注焦點

D 型人關注事，他具體關注的是事情的結果。

職場中，如果你的老闆是 D 型人，那麼你可能會經常聽到他的一句

口頭禪：「我不管你怎麼做，我要的是結果。」所以，做 D 型人的下屬，你會感覺壓力很大、挑戰很大，但是成長也很快。做得好，升職加薪，風光無限。做不好，則會面臨被換掉，甚至直接被淘汰的命運。

維度 2：行為偏好

D 型人的行為偏好是「做」。

D 型人是風風火火的行動派。如果他出現在課堂上，他會比較心急，不希望老師有太多的鋪陳和過渡，屬於「上來就做」的類型。同時，他也非常愛憎分明。如果老師的人格魅力或上課資料使他折服，他會立刻收起鋒芒、好好聽課，甚至成為鐵粉。但是如果他不認可老師這個人或者不認可老師的觀點，那麼他也是最容易跟老師唱反調的人，甚至會不留情面、當場挑戰。

維度 3：溝通風格

D 型人的溝通風格是聚焦型溝通。

D 型人溝通的典型特徵是「有事說事」。他的表達觀點鮮明、直奔主題，側重大局、方向，關注結果。如果他覺得對方沒說到重點上，會很不耐煩地打斷對方。如果 D 型人是老闆，那麼他開會的效率通常是很高的，他的會議也絕對不會議而不決，總是會有明確的結果。如果下屬在會議上表現欠佳、不能給出他想要的結果，那麼被 D 型領導當場指責，也是很正常的。因為 D 型人最關注的就是結果。只要與結果偏離，他就會不耐煩。

維度 4：決策風格

D 型人的決策風格是要點式決策。

如果從購物的角度來看，D 型人是典型的男士購物的感覺。他逛街不是為了閒逛，純粹是為了買東西。進入一家店，目標明確，試了之

後，只要符合他的幾個標準，比如款式、品質、價格都可接受，他立刻就會購買，乾脆直接，不太會貨比三家，也不太會討價還價，更不會因為店員的遊說而去買自己計畫外的東西。

維度 5：優勢能力

D 型人的優勢能力是掌控力。

D 型人是天生的領導者。如果要策劃一場活動，D 型人是最適合提出目標、分配任務的人。如果在活動現場，D 型人是最適合掌控全場、總指揮、總排程的人。D 型人不太喜歡具體執行，他喜歡發號施令。尤其是在時間緊、任務重、其他人都有點懈怠的情況下，D 型人總能扛住壓力指揮大家完成任務。D 型人是總能交出結果的人，無論好壞，都有結果。

維度 6：負面印象

D 型人給人的負面印象比較強勢。

如果你跟 D 型人共事，你會感覺他特別強勢、非常固執，很難被說服，團隊合作性會比較差。如果 D 型人是你的下屬，那麼你最好分配給他那種可以獨立完成的工作，不需要跟別人配合。而且，即便是新工作，也不要提前指導他太多，因為他可能完全聽不進去，他覺得自己能做。如果他果真能做出成果，只要合理合法，讓他發揮，不要要求他按照標準模式來。如果他做不出成果，你再提供給他相應的指導和培訓，他才會聽得進去。

維度 7：奮鬥目標

D 型人的奮鬥目標是成功。

你有沒有發現，好像當老闆的，很多都是 D 型人，難道只有 D 型人才適合當老闆嗎？其實不是的。老闆群體裡 D 型人特別多的原因只

有一個，即 D 型人最渴望成功，而當老闆就是通往所謂的成功最近的一條路。

其他型的人當老闆的少，不是因為他們沒有能力，而是因為他們大多志不在此。換句話說，不是大多數老闆都是 D 型人，而是 D 型人大多數都想當老闆，這是性格使然。所以，在工作中最能夠激勵 D 型人的，也是通常人們所認為的那些名利場上的東西，包括房子、車子、各種排場、各種奢侈品。當然，這些東西可能其他型的人也會追求，但是遠沒有 D 型人的欲望這麼強烈。因此，D 型人多的公司，競爭氛圍會比較濃，有一種上緊發條、拚命努力的狀態，但是人際關係也會比較緊張。

維度 8：理想環境

D 型人比較喜歡有挑戰的環境。

D 型人對成功特別渴望，那什麼樣的環境最能做出成績、彰顯成功呢？當然是有挑戰性的環境。這樣的環境裡問題最多，一旦做出成績也最受矚目。正因如此，D 型人更適合創業型公司，所有的事情都在摸索中，沒有那麼多的規矩，誰有做好、誰沒做好，一目了然，純粹的結果導向。雖然也會遭遇失敗，但是 D 型人的韌性比較強，屬於越挫越勇的類型。無論任務多麼艱鉅，只要老闆懂得放權，並許以高職位或高報酬，就會有 D 型人願意往前衝。

了解了 D 型人的這些特質之後，如果你的客戶是 D 型人，你該如何與他打交道呢？

接下來我們來講講面對 D 型客戶的銷售優化策略。

(一) 關係建立

1. 保持距離，不要套關係

剛開始與這樣的客戶建立關係的時候，千萬不要用那些常規的方式，比如一上來就套關係、聊家常，甚至送禮，這樣的客戶是最不吃這一套的。人家內心的潛臺詞是：「我跟你沒那麼熟，有事說事。」其實，與這種客戶熟悉之後，你們也是可以相處得很好的，尤其是在他確認你對他有用、對他有價值之後。但是在你還沒展示出你的價值之前，吃閉門羹、被冷眼對待，都是有可能的。這也是你接觸這類客戶必須要過的關口。

2. 不卑不亢，不強勢也不卑微

這類客戶，跟 I 型客戶不太一樣。I 型客戶喜歡你哄著他、寵著他，但是這類客戶卻相反，你的刻意討好不僅沒辦法發揮什麼好效果，甚至會有反作用。他其實希望你有點骨氣，不要一副唯唯諾諾的樣子。當你們之間有衝突，而你卻能表現出你的骨氣之後，他反而會更加欣賞你。這個類型的客戶是最容易讓你有「不打不相識」感覺的類型。當然，有骨氣不是沒來由的直接對抗，而是有理有據的適度堅持。

3. 誇讚時多誇格局、高度和眼光

D 型人不排斥被誇讚，但是他特別反感華而不實、比較膚淺的誇讚，而喜歡有點內涵、有點深度的誇讚，比如誇他的格局、高度和眼光。因為他覺得這些才是有實力的表現，同時這些跟他所追求的成功感也是一個路數的，會讓他覺得開心的同時也認為你很懂他。

4. 送禮時注重尊貴、實用

如果要送禮給這樣的人，那也是要很講究的。因為這類人渴望成功、注重面子，所以送禮的時候，禮物最好和他的身分相匹配，最好是名牌，名不見經傳的小牌子他是看不上的。同時，禮物也不能華而不實，在體現尊貴的同時，還需要注重實用性。

（二）溝通技巧

1. 聚焦任務

和這類客戶溝通的時候，不要為了活躍氣氛而聊很多與工作無關的話題。即便需要講故事、舉案例，故事、案例說清楚就好，不要去聊故事、案例背後的八卦。因為這在 D 型人看來，純屬浪費時間。

2. 關注目標方向，細節適度

D 型人是喜歡掌控大局的人，通常只抓重點。同時，他傾向於要點式決策，關鍵要點合適了，就可以做決定，不需要掌握全部的細節。如果你過於強調細節，反而會適得其反。

3. 絕不挑戰他的權威

D 型人最看重的就是面子和權威，即便他錯了，你也不能直接說他錯了，而要採取一種比較委婉的方式。如果你不挑戰他的權威，日後他意識到是自己錯了，他內心會很領你的這份情。

4. 保持情緒穩定

D 型人其實是情緒比較外露、容易暴躁的人，屬於那種內心戲絕不藏著的類型，合作夥伴做得好他會大加讚賞，做不好也會直接指責。他注重面子，但是他注重的是自己的面子，絲毫不注重別人的面子。所

以，當你被他激怒時，千萬要淡定，不要以牙還牙地還擊他，除非你不想做這筆生意了。如果你還想做這筆生意，可以用我們前面講的情緒疏導技巧來處理。只要過了這個坎，你往往會發現，他是那種情緒來得快去得也快的人，很快就忘記了。所以，你也不必放在心上。

03 I型客戶：別輕信表象，要仔細審核

I型人到底是什麼樣的人呢？我們從8個維度來展開分析。

維度1：關注焦點

I型人關注人，他具體關注的是「自我」。

職場中，如果你的老闆是I型人，你會發現他比較自我、隨心所欲，想法比較多，還會經常改變想法。所以，你作為下屬，在接收指令的時候，不妨養成跟老闆再次確認的好習慣。因為假如老闆只是隨口一說，並沒有讓你立即執行的意思，你卻跑斷腿，就不值得了。所以，跟著這樣的老闆，你需要隨時跟上他的節奏，也需要保持足夠的靈活性。

維度2：行為偏好

I型人的行為偏好是「說」。

I型人是口若懸河的演說家。如果I型人出現在課堂上，他會比較喜歡表現，無論老師講得如何，只要讓他發言，他就會很支持老師、支持課程。尤其是如果老師還很讚賞他的發言的話，他就會感覺更好。所以，要獲得I型學員的好評也容易，你只要讓他有存在感、滿足他的表現欲，他就會覺得課程很好 —— 但是顯然這樣的評價是不夠客觀的，沒有太大的參考價值。正因如此，I型學員多的課堂，氣氛會比較活躍，會比較挑戰老師的控場能力。

維度 3：溝通風格

I 型人的溝通風格是發散型溝通。

I 型人溝通的典型特徵是「跟著感覺走」。他的表達天馬行空、資訊分散，觀點藏在話語裡，需要認真聽才能聽出來。而且主題也比較多變，比較容易離題，會在自己感興趣的地方隨時加入對話、發表觀點。也就是說，I 型人也會像 D 型人一樣打斷別人。只是 D 型人的打斷是帶有指責、否定意味的，潛臺詞是「你離題了，說重點」。而 I 型人的打斷，有可能是出於欣賞，也有可能是出於指責，但是最重要的是「我覺得這裡有意思，我想說兩句」。所以，如果 I 型人是領導者，會議有可能議而不決，空談居多，效率比較低。

維度 4：決策風格

I 型人的決策風格是典型的感性決策。

如果從購物的角度來說，I 型人是那種可以不帶任何目的就能享受逛街樂趣的人。他可以逛一整天什麼也不買，也會很開心很滿足。有的時候他明明不打算買東西，卻被店員的一番讚美說動，買了一堆自己不太需要的東西。他是銷售人員最喜歡的客戶類型，也是最容易被成交的客戶類型，也就是說，他最容易衝動消費。但是他也是最容易反悔的客戶類型，買的多，退的多，閒置不用的也多。衣櫃裡有很多連吊牌都沒有撕掉卻也不打算再穿的衣服的人，通常會是 I 型人。

維度 5：優勢能力

I 型人的優勢能力是感染力。

I 型人是天生的氛圍營造者。如果要策劃一場活動，I 型人是最能夠找到活動趣味的人，也是鬼點子最多、新奇想法最多的人。如果在活動現

場，I 型人是場上最活躍的人，到處招呼客戶，像花蝴蝶一樣穿梭其間，主持或暖場工作也比較適合他。和 I 型人在一起工作，你會感覺他精力充沛、樂觀熱情，總能帶動大家的工作積極性，是團隊裡的開心果。

維度 6：負面印象

I 型人給人的負面印象是比較愛炫耀。

如果你跟 I 型人共事，你會感覺他特別愛炫耀，像孔雀一樣，人一多就開屏。如果他正好是你的下屬，那麼你最能激勵他的方式，就是讓他有存在感，滿足他的表現欲。他是最需要稱讚、最需要粉絲、最需要被關注的人，他最怕的就是被忽略。所以，如果你能夠看到他的每一次小進步、小成績，並且盡量在公開場合表揚，他的虛榮心就會得到極大的滿足，他就總能鬥志滿滿。如果你看穿了這一點，或許 I 型人是最好哄的人。他情緒低落的時候，往往一句讚美、一頓大餐，就能使他快速恢復好心情。

維度 7：奮鬥目標

I 型人的奮鬥目標是快樂。

I 型人畢生追求的是快樂，他也追求成功，但是如果為了成功需要付出千難萬險的代價，而且這個過程並不快樂的話，I 型人是不太願意的。I 型人沒有 D 型人那麼有韌性，屢戰屢敗還能屢敗屢戰。他需要過程比較有意思、比較開心。所以，如果要派 I 型人去完成一些比較有挑戰性的任務，也不是不可以，只是這個過程最好能夠好玩、有趣，能夠忙中偷閒，能夠偶爾放鬆。如果環境太壓抑，I 型人是堅持不了多久的。

維度 8：理想環境

I 型人比較喜歡自由的環境。

I 型人比較喜歡沒有那麼多條條框框束縛的自由環境，這樣的環境能

夠讓他隨意發揮、實施創意。因此，I型人比較適合做有一定自由度的工作，比如銷售、市場開拓等。如果I型人恰好是你的下屬，他最容易出現的問題就是，延遲完成任務、延遲交貨、延遲交稿。因為他的注意力過於分散，很容易被更有意思的東西吸引，所以有可能會忽略最重要的事情。因此，雖然不要給他太多約束，但是也要進行適當地督導。

了解了I型人的這些特質之後，如果你的客戶是I型人，你該如何跟他打交道呢？

接下來我們來講講面對I型客戶的銷售優化策略。

（一）關係建立

1. 花心思與之建立關係

I型客戶跟D型客戶不同，D型客戶屬於很難建立關係的類型，主要是以價值取勝。但是I型客戶卻是最需要親密度和熟悉度的，產品合不合適另說，關鍵是人得先熟悉，人的這關過了，才會談及產品和價值。所以，跟I型客戶打交道，你所學的那些人際關係的技巧或許是最派得上用場的。效果好不好看你的使用段位，但是I型客戶確實很吃這一套。所以，跟I型客戶打交道，既花時間也花心思，當然還得花錢。

2. 展現你的好玩、有趣

I型客戶就像老頑童，無論年紀多大，都有一顆童心。只要你讓他感覺你是一個很有意思的人、是一個很有趣的人，他就會很喜歡你、很親近你。

3. 誇讚時多誇獨特性，注意人前誇、抬高誇

I型客戶是四型客戶中最喜歡被誇的。但是也正因為接受了太多的誇讚，所以他對誇讚也是有要求的，空泛的誇讚是打動不了他的。你需要

多誇他的獨特性，多誇他的與眾不同，無論是外形上的、氣質上的，還是想法上的，都可以。同時，最好不要在私下誇，而是在人前誇、公開誇，這樣可以極大地滿足他的虛榮心。而且，誇讚的時候可以稍微誇張一點，渲染一下氣氛，這樣他的感覺會更好。

4. 送禮時注重與眾不同

送禮給 I 型客戶，需要格外注重四個字——「與眾不同」。如果你還是採用那種中秋節送月餅、端午節送粽子的思路，是很難吸引他對你格外關注的。你需要有一些創意、有一些獨特性，讓他有意外之喜的感覺。所以，如果 D 型客戶喜歡的是高級奢侈品的話，那麼 I 型客戶喜歡的就是奇珍異寶。你可能會想，這些東西的價格肯定比奢侈品低一些吧？答案是未必。因為這些東西，特點在於一個「奇」字。運氣好，可能得來全不費工夫。但是如果運氣不好，要去專門蒐羅，那就費時費力了，有時花了大價錢，效果也未必好。

（二）溝通技巧

1. 營造輕鬆氛圍，展現友好

I 型客戶是你最需要花時間在寒暄上的客戶類型，他需要一種輕鬆的氛圍來進入聊天。所以，在跟他聊正事之前，你需要提前準備好一些適當的話題來活躍氣氛。如果說，D 型客戶和 C 型客戶是最不需要聊家常的人，那麼 I 型客戶和 S 型客戶就是最需要聊家常的人。

2. 讓他充分表達想法和感受

I 型客戶很喜歡表達，所以，你需要在溝通的時候，多問他的意見、他的感受、他的想法、他的態度，讓他有機會充分表達。他表達爽了，對你的印象自然也會很不錯。

3. 對資訊反覆確認，多方求證

為什麼要這樣做？因為 I 型客戶的表達是天馬行空的，邏輯化的表達方式並不是他喜歡和擅長的，因此他會把一些重要的觀點夾雜在話語裡。當你覺察到之後，你需要把它們挑出來跟他確認，他表達的到底是不是這個意思。同時，有的時候 I 型客戶為了炫耀，甚至會採用有點誇張的表達方式，說一些未經證實的消息。比如，他為了吸引你的注意，可能會告訴你，公司老闆非常重視這個項目，肯定要在今年大力推動。但是實際上，他的老闆並沒有這樣的明確表示，做不做這個項目還不一定。所以，你需要去多方求證一些關鍵資訊。

4. 強調使用體驗或合作感受

跟 I 型客戶談合作，需要重點強調一下他與你合作之後，會有的一些美好體驗或感受，最好能有畫面感。這和 D 型客戶很不一樣，D 型客戶是以結果為導向的，而且是實實在在的結果，感受與他絕緣。但是 I 型客戶，如果能夠想像跟你合作後，別人對他的認可、讚賞、追捧，無論是來自老闆的，還是同事的，抑或是同行的，對於他下定決心與你合作，都會有很大的推動力。

04　S 型客戶：別急於求成，要給予耐心

S 型人到底是什麼樣的人呢？我們從 8 個維度來展開分析。

維度 1：關注焦點

S 型人關注人，他具體關注的是「他人」。

職場中，如果你的老闆是 S 型人，你會發現雖然工作壓力還是很大的，但是他會很關心大家。他會將公司的福利安排得很不錯，讓大家感

覺很窩心、很溫暖，需要大家加班時也會給大家一些額外的照顧。跟著這樣的老闆工作會很有安全感，即便公司出現了危機，他也會盡量周全地考慮到每一個人的利益，不會過於自私。

維度 2：行為偏好

S 型人的行為偏好是「聽」。

S 型人是如痴如醉的聆聽者。如果 S 型人出現在課堂上，一定是最安靜、最配合的一群人。他們聽課很認真，會做筆記。他們也會思考，但是沒有太強的表達欲和表現欲。S 型學員多的課堂，老師講課會很有安全感，因為學員基本不會挑戰老師，但是相應地，課堂氣氛也會比較沉悶，因為沒人發言、沒人互動。

維度 3：溝通風格

S 型人的溝通風格是委婉型溝通。

S 型人的本意是不想得罪人。人說話總會表達觀點，有觀點就必然會支持某一方、打壓某一方。S 型人為了不得罪人，通常不輕易發表觀點。非要發表觀點時，他也會以兩方都支持的立場出現，不太會涇渭分明地站隊一方。而且，他經常以第三方的名義委婉表達，比如「大家說」、「有人說」、「他們說」之類，反正不是「自己說」。同時，他傾聽的時候會比較有耐心，很少提出反對意見，更不會打斷別人。他願意在別人的表達中，尋找值得認同的部分，給予認同。

維度 4：決策風格

S 型人的決策風格是平衡式決策。

如果從購物的角度來說，S 型人的購物習慣與 D 型人正好相反。如果 D 型人最喜歡獨來獨往，那麼 S 型人就最喜歡邀約同伴一起逛街。如

果D型人最不喜歡傾聽別人，自己很有主見，那麼S型人就最喜歡傾聽別人，因為自己比較缺乏主見。如果D型人比較乾脆俐落，一旦決定果斷付款，那麼S型人就最喜歡貨比三家，也最容易猶豫不決，因為他要參考各種人的想法、平衡各方面的因素。

維度5：優勢能力

S型人的優勢能力是親和力。

S型人是天生的配合者。如果要策劃一場活動，S型人是最能團結大家、支持大家，最不會輕易否定別人、打擊別人的人。如果在活動現場，S型人是最能踏踏實實做好服務的人，尤其是在細節方面，會讓人覺得很周到、很暖心。S型人在團隊中，會給領導者一種穩定的支持感。他們願意服從指令、顧全大局，是那種可以不為名不為利、不為了出風頭，僅僅為了一份職位的責任感就能把工作做好的人。

維度6：負面印象

S型人給人的負面印象是比較懶散。

如果你跟S型人共事，你會發現他們大多數時候都處於不快不慢的狀態，似乎什麼事都不需要那麼著急。他們其實也是有目標感的，也能按時完成任務，只是他們不像D型人和I型人那樣表現得熱火朝天。如果S型人是你的下屬，可能他會是那個最容易被你忽略的下屬。D型人總能給你結果，你不會忽略他，I型人總在你眼前晃，你也不會忽略他。但是S型人通常是默默做事的類型，即便做事有了成果，也不喜歡邀功，總覺得上司自己看得見。但是如果你一直看不見，他也會很傷心的。所以，對這個類型的下屬，你需要常提醒自己去關注一下，不過不需要大張旗鼓，私下表揚，他會更受用。

維度 7：奮鬥目標

S 型人的奮鬥目標是舒適。

S 型人的名利心不是那麼重，屬於隨遇而安、知足常樂的類型。他們的工作表現或許不會帶給上司驚喜，但是總能保持一定的水準，不會讓上司失望。而且，S 型人多的公司，人際關係會輕鬆很多，工作的氛圍也會很好，大家的重心都是把手頭的事情完成好，沒有那麼多勾心鬥角、爾虞我詐。S 型人也會追求升職加薪，但是不會那麼激烈、劍拔弩張。所以，如果一家公司裡 S 型人比較多，整個公司會比較缺乏進取心，傾向於安於現狀。

維度 8：理想環境

S 型人比較喜歡穩定的環境。

S 型人是最追求安穩的人，所以他們在選擇工作單位的時候，通常會更喜歡政府單位，對於工作的職位，則會更青睞內勤職位。他們最不喜歡的就是有壓力的環境、有挑戰的環境，這一點跟 D 型人剛好相反。而且，他們只要選定了職位，就很少會離職，是很忠誠的員工。D 型人和 I 型人離職率可能都會比較高，但是 S 型人卻很穩定。S 型人的穩定不是因為他們多喜歡這家公司，而是因為他們內心對變化懷有一種恐懼感，是典型的以不變應萬變的類型。而且 S 型人的抗壓能力也比 I 型人強很多，屬於吃苦耐勞的類型。

了解了 S 型人的這些特質之後，如果你的客戶是 S 型人，你該如何與他打交道呢？

接下來我們來講講面對 S 型客戶的銷售優化策略。

模組二　能力篇

（一）關係建立

1. 花時間與之建立關係

　　這一點跟與 I 型人打交道是類似的，但是動機卻不盡相同。I 型人是純粹喜歡跟自己喜歡的人做生意。而 S 型人通常對陌生人有戒備心，不太容易產生信任，所以需要透過時間建立關係。簡單說，你與 I 型人可能一見鍾情，但是與 S 型人只會日久生情。

2. 不要光說，要有行動

　　這一點跟與 I 型人打交道不太一樣。I 型人比較容易受到語言本身的影響，僅聊天就能帶給他極強的愉悅感。但是 S 型人不會只聽你說漂亮話，S 型人會看你的行動，看你是不是真的關心他、真的在意他。比如你知道他喉嚨痛，就送給他一袋羅漢果泡水喝，雖然價值不高，但是他會很感動，覺得你真的在乎他，會記住你對他的幫助。

3. 誇讚時多誇他為別人的付出，注意人後誇、含蓄誇

　　誇 S 型人時要注意，最好不要直接誇他本人，也不要在臺前公開誇獎，因為他會覺得很難為情。他更喜歡你間接地誇獎，比如誇他為別人的付出，包括對家庭的、對公司的，借別人的口表達對他的誇讚。而且，你最好私下誇他，含蓄一點，不要言過其實。

4. 送禮時注重全家共用

　　S 型人在物質方面是追求實惠、實用的人。他不像 D 型人那樣追求尊貴，也不像 I 型人那樣追求獨特，他追求的是實惠、實用，最好能全家共用。所以，家居用品、廚房用品、孩子的用品、老人的用品，S 型人都很喜歡。因為 S 型人本身就是很願意為別人付出、很關心別人的人，收到這樣的禮物，他會覺得你充分考慮到了他所在乎的人。

(二) 溝通技巧

1. 營造輕鬆氛圍，展現友好

剛開始與 S 型人溝通的時候，記得不要單刀直入，可以選擇一些輕鬆的話題做一個過渡。

2. 確認他的真實觀點

因為 S 型人的表達比較委婉，不太願意得罪人、讓別人難堪，即便要表達拒絕，也會做一些鋪陳。所以，如果你想知道 S 型人的真實態度，可以用比較明確的語言跟他確認。否則，可能導致雙方之間產生誤會，造成尷尬。

3. 多考慮他周圍人的感受

S 型人注重他人的感受，他會考慮各方面的資訊、平衡各方面的利益，總想兼顧所有人、讓所有人都滿意。他的顧慮、他的猶豫，很多時候不是為了自己的利益，而是為了別人的利益。同時他也很看重團結、和諧的氣氛，如果有人反對，肯定會影響到他的決策、判斷。所以，跟 S 型人合作的時候，你需要充分考慮到他周圍人的想法和感受，這些人都滿意了，S 型人的配合度就會高很多。

4. 放慢節奏，保持耐心

這一點上，S 型人跟 D 型人、I 型人很不一樣。D 型人、I 型人是快節奏的人，無論決定是 YES 還是 NO，都會比較快。但是 S 型人顧慮很多、很擔心做錯決定，所以你需要給 S 型人更多的時間和耐心。等他心裡感覺到足夠踏實了，他才會做出決定。如果你催得太急，反而會令他止步。

模組二　能力篇

05　C型客戶：別試圖敷衍，要精耕專業

C型人到底是什麼樣的人呢？我們從 8 個維度來展開分析。

維度 1：關注焦點

C型人關注事，他具體關注的是事情的過程。

職場中，如果你的老闆是 C 型人，你會發現他對你的要求是非常嚴格的，可以說事無鉅細都會很關注。同時，他說話也是比較嚴謹的。如果說對於 I 型老闆的指令，你需要養成跟老闆再次確認的習慣的話，那麼面對 C 型老闆你幾乎不用這樣做，因為他說的每一句話幾乎都是嚴謹的指令，不是隨口說的，更不會輕易變更。

維度 2：行為偏好

C型人的行為偏好是「想」。

C型人是邏輯縝密的思考者。如果 C 型人出現在課堂上，他們或許是給老師壓力最大的一群人。因為他們雖然也跟 S 型人一樣願意傾聽，但是 S 型人的聽是包容的聽，C 型人的聽卻是挑剔的聽、批判性的聽，好像隨時都在做判斷、在糾錯。不過，如果他們發現錯誤，倒不會像 D 型人一樣，當場不留情面地指出來，除非你問到他們，或者有人問到他們。事實上，他們無論是讚賞還是批評，都不太外露，只是他們自己內心知道而已。

維度 3：溝通風格

C型人的溝通風格是細緻型溝通。

C型人其實並沒有什麼表達的欲望，也不太喜歡受到別人過多關注。但是真正需要他表達的時候，他通常不會只說結論，而會說推導的

過程，會比較細緻，用很多事實和資料作為輔助。同時，他傾聽的時候也基本不會打斷別人，但是在可以說話的時候，會提出很多有挑戰性的問題、很多質疑的點。所以，如果你一定要邀請 C 型人發言，最好做好被挑剔的準備。這一點跟 S 型人很不一樣，S 型人也能看到別人的很多優點和缺點，但是真要發言的時候，會傾向於強調優點，而 C 型人卻傾向於強調缺點。

維度 4：決策風格

C 型人的決策風格是典型的理性決策。

如果從購物的角度來說，C 型人的購物習慣跟 I 型人正好相反。如果 I 型人的購物是感性消費、衝動消費，那麼 C 型人的購物就是理性消費、實用消費。如果購買的是高價值單品，C 型人甚至會提前收集大量資訊、查詢大量資料，貨比三家，才會購買。但是他的貨比三家與 S 型人的貨比三家是不一樣的。S 型人的貨比三家，不一定有很強的資料支撐，只有一些不同意見作為參考，所以比完之後可能仍然無法做決定。而 C 型人的貨比三家是有事實和資料作為支撐的，因此比完之後，結果會一目了然。

維度 5：優勢能力

C 型人的優勢能力是邏輯力。

C 型人是天生的邏輯玩家。如果要策劃一場活動，C 型人是那個最能夠將想法轉化成計畫表、變成具體行動步驟的人。如果在活動現場，C 型人是那個不太喜歡跟人打交道，而是在幕後用技術手段默默保障活動順利進行的人。C 型人的邏輯性、規劃性很強，但是行動力偏弱，因為要徹底想清楚，往往需要一些時間。所以，C 型人不太適合執行比較緊

急的任務。不過，對於一些不是特別緊急但是又很重要的任務，由 C 型人去統籌規劃，往往效果非凡。

維度 6：負面印象

C 型人給人的負面印象是比較死板。

如果你跟 C 型人共事，你會發現他比較死板、教條。尤其是，如果他做的工作是帶有稽核性質的，比如財務工作、審計工作，那麼你幾乎沒有矇混過關的機會，因為他會公事公辦。但是也因此，C 型人的人際關係會比較緊張。如果 C 型人是你的下屬，你發現他所堅持的流程本身是不夠人性化、不夠科學的，你與其讓他開綠燈，不如讓他修改流程。因為開綠燈是違反 C 型人天性的，而修改流程卻正符合 C 型人的天性。只要流程人性化了，他滿意，大家也滿意。

維度 7：奮鬥目標

C 型人的奮鬥目標是專業。

C 型人沒有 D 型人那麼強的功利心，如果 D 型人和 C 型人都出書，那麼他們出書的動機是不太一樣的。D 型人出書主要是為了彰顯自己的成功，多偏自傳，而 C 型人出書更多是為了把自己的專業知識傳承下去。同時，C 型人對專業精益求精，導致他的行動力比較弱，因為他總覺得還可以調整、還可以修改、還可以完善。因此，他是最好的軍師，卻不一定是最好的執行者。另外，由於 C 型人對專業的癡迷，他對人的敏感性會比較弱，所以 C 型人多的公司，會顯得比較缺乏人情味。

維度 8：理想環境

C 型人比較喜歡有秩序的環境。

C 型人喜歡的環境跟 I 型人完全相反。I 型人最喜歡自由，覺得規

矩越少越好，但是 C 型人恰恰最喜歡規矩，如果沒有規矩，C 型人幾乎會無所適從。所以，C 型人像 S 型人一樣，喜歡去一些政府單位工作，因為這樣的單位基本都是有規矩、有制度的，他不太喜歡去一些私人企業或創業團隊工作。但是 C 型人和 S 型人的區別是，S 型人更喜歡跟人打交道，在人際交往中比較自如。而 C 型人更喜歡做一些專業性強的工作，不太喜歡跟人打交道。

了解了 C 型人的這些特質之後，如果你的客戶是 C 型人，你該如何與他打交道呢？

接下來我們來講講面對 C 型客戶的銷售優化策略。

(一) 關係建立

1. 保持距離，不要套關係

這一點跟對待 D 型人是一樣的，他們都屬於單刀直入、有事說事的類型，不喜歡太多客套。

2. 說話做事嚴謹可靠

你需要在 C 型人面前展現的形象，也許跟你在 I 型人面前展現的形象完全相反。I 型人需要的是感覺，只要你讓他感覺好，你就有機會說服他。但是 C 型人最看重實際的人品，他最反感那些浮誇虛偽的東西，他希望對方誠實守信、不會誇大其詞。

3. 誇讚時多誇專業、嚴謹、細緻

總體來說，C 型人是不太習慣被人誇讚的，他對那些很膚淺的誇讚更是嗤之以鼻。如果一定要誇讚，最好誇讚他的嚴謹、細緻。尤其是，如果你很懂他的專業，能夠在專業方面跟他惺惺相惜，那他會更受用。

4. 送禮時注重品質、實用

C 型人是追求完美的人，要送禮給他，品質是第一位的，另外還需要實用，因為他也是一個務實的人。既然追求品質，那買名牌產品就會比較有保障。但是 C 型人和 D 型人追求名牌的動機不太一樣。D 型人追求名牌是為了面子，而 C 型人追求名牌是為了品質。所以，如果收到同樣一款名牌包，D 型人傾向於把 LOGO 露出來，而 C 型人傾向於把 LOGO 藏進去。

(二) 溝通技巧

1. 聚焦任務

這一點，D 型人、C 型人是類似的，和 I 型人、S 型人是相反的。

2. 多使用資料事實

雖然 C 型人和 D 型人都聚焦任務，但是也有區別。D 型人的聚焦任務更注重大方向、細節適度，因為他是結果導向的，對過程的關注度並不是很高。而 C 型人更注重任務的過程，所以需要更多的事實和資料作為支撐。

3. 絕不質疑他的專業性

由於 C 型人是特別注重專業性的人，如果你質疑他的專業性，他會感覺非常不舒服，甚至會跟你對抗。所以，如果要表達不同意見，一定要注意柔化鋪陳，降低你語言的攻擊性，否則你們就會陷入辯論中。做銷售一定要記住，不要贏了辯論卻輸了訂單。

4. 保持耐心，細心解釋

C型人是很有批判精神的，雖然他不喜歡別人質疑他，但是他卻喜歡質疑別人。當你說完的時候，他會提出很多問題，有的可能是很細枝末節的問題，這時你就需要有足夠的耐心為他一一解釋。所以，跟C型人溝通之前，你一定要做足功課，一定要準備得足夠充分，否則，被他抓住漏洞，就不好收場了。

模組二　能力篇

模組三
案例篇

模組三　案例篇

需求類實戰案例

探尋需求，

是一次尋寶之旅。

不要輕易相信那些明顯的訴求，

因為它們可能是陷阱。

更不要輕易放過那些不明顯的細枝末節，

因為它們可能是希望。

溫柔的態度＋懷疑的精神，

才是取勝之道。

01　轉介失效：
　　好友轉介的18萬元董會事客戶，為何沒有後續？

案例描述：

我是做某董事會的會員招募工作的，董事會的會費是每年18萬元。有一次，我的一位董事會客戶張小姐，轉介紹了她的好朋友李小姐給我認識。張小姐告訴我，李小姐也是一家創業型公司的老闆，公司年營業額達1億元。張小姐與李小姐是在一個培訓班上認識的，彼此很投緣。她覺得李小姐對我們的董事會也會很感興趣，於是就向對方介紹了我。我一聽，覺得合作希望很大，又是朋友介紹的，又有付費能力，於是就迅速與李小姐取得了聯繫。我總共與李小姐溝通了3次，大致過程如下。

第一次：因為是朋友介紹的，彼此天然就很有信任感，我與李小姐

很快就熟絡起來。進入正題之後，李小姐問我：「你們那個董事會有什麼服務內容啊？」於是，我就把我提前準備好的PPT向她詳細呈現了一遍。李小姐在聽的過程中很認真，也頻頻點頭，且沒提什麼反對意見。我看到李小姐沒有異議，就接著跟李小姐談了合約以及價格的事。等我全部講完了，李小姐說：「她想考慮一下。」於是，我就離開了。

第二次：3天後，我問李小姐：「考慮得怎麼樣了？」李小姐說她最近這段時間有點忙，讓我過1個月再聯繫她。我隱隱有一種不祥的預感，但是也只能接受。

第三次：1個月之後，我再聯繫李小姐，她說她生病了，正在調理身體，等身體恢復再說。這個時候，我感覺情況不妙了，她應該是有別的想法了。

後來我就只是問候過她的身體狀況，沒有再提董事會的事了，當然她也沒提。

案例分析：

這次合作溝通為什麼會從剛開始的「希望很大」走到了最終的沒有下文？

主要原因有如下三個。

（1）銷售人員在接受轉介時，並沒有獲得最關鍵的資訊在這個案例中，銷售人員已經從介紹人口中獲得了很多資訊，包括介紹人與被介紹人的關係、被介紹人的基本情況等等。但是銷售人員卻忽略了一個最關鍵的問題，就是：介紹人憑什麼覺得，她的朋友李小姐也會對董事會感興趣？難道「關係好」就一定會感興趣嗎？難道「有錢」就一定會買嗎？不知道這一點，再加上銷售人員在與客戶面談時，也沒有透過有效的提問問出來，就導致整個溝通過程缺少一個強而有力的立足點。

（2）銷售人員在面談過程中，並沒有讓產品與客戶產生深刻連結根據案例描述，銷售人員在李小姐提問之後，就直接進行了產品介紹，並沒有反過來向李小姐進行必要的需求詢問。這就導致後面的產品介紹是懸浮於客戶需求之上的，產品再好，都無法與客戶產生深刻連結。而李小姐在傾聽過程中的「沒提什麼反對意見」本身已經很能說明問題了。

有一句話說得好：嫌貨才是買貨人。如果客戶在聽的過程中，沒有任何反對意見，也沒提任何問題，要麼是滿意得不得了、挑不出一丁點兒瑕疵，感覺這產品就是為自己量身打造的；要麼是根本不感興趣，覺得這產品與自己無關，只當吸收一些資訊而已。顯然，李小姐的情況屬於後者。

（3）銷售人員在跟進過程中，一次次錯失起死回生的機會這個案例中，銷售人員錯過了多次扭轉戰局的機會。第一次，當客戶說要考慮一下時，銷售人員就應該與客戶溝通，問出客戶真正顧慮的點，而不是聽之任之、讓客戶自己考慮。第二次，當客戶說最近有點忙時，銷售人員也應該抓住機會，坦白自己心中的擔心並跟客戶進行確認，拿一個 YES 或 NO 的結果回來。第三次，當客戶說要調理身體時，同樣是一次開誠布公、探測真相的機會，但是銷售人員都沒有抓住。其實，銷售人員在跟客戶溝通的過程中出現各種狀況都是很正常的，但是只要你勇於面對真相、即時補救，也不是沒有翻盤的機會。

關鍵是，越早補救，機會越大。

行動建議：

1. 轉介時獲取準客戶的關鍵資訊

當介紹人說她的朋友會對董事會感興趣時，你可以這樣說：

「張小姐，感謝您的轉介，真是幫了我大忙了。

只是，您也知道，我們的董事會不是所有的老闆都適合的，我也擔心會辜負您的好意。

所以我想問一下，不知道基於您跟李小姐的交情，您覺得，如果李小姐會對我們的董事會感興趣，大概會是基於怎樣的考量呢？」

這樣，張小姐就會說出她的理解。如果張小姐說得很含糊，那就說明，可能張小姐也並不是很了解李小姐。那麼你就不能盲目樂觀，而要透過你自己跟李小姐的直接接觸，來進一步甄別這個機會。但是如果張小姐說得很清晰，甚至還舉了例子，那就說明，這次合作的希望很大。你就可以在與李小姐見面的時候，不要廣泛地聊，而是集中火力聊她的興趣點、痛點，這樣效果才會更好。

當然，如果你想做得更充分一點，你還可以問出準客戶的顧慮點，你可以這樣說：

「張小姐，根據您對李小姐的了解，您覺得，如果李小姐會對我們的董事會有所顧慮的話，她最有可能的顧慮點會是什麼呢？」

這樣的問法，就巧妙地把李小姐可能的異議也問出來了，便於在溝通中提前排雷。

2. 適時挖掘客戶的深層資訊

當客戶問「你們的董事會有什麼服務內容」時，你可以這樣說：

「李小姐，我們的服務內容確實挺多的。只是，如果我一點都不了解您的實際情況的話，我擔心我講了一大堆，沒有重點，也未必是您感興趣的，倒浪費了您的時間。

要不然您看這樣可以嗎？您先跟我簡單說一下您的情況和具體訴求，我再為您介紹。如果您覺得合適，我們就接著往下聊，如果您覺得

不合適，我會充分尊重您的決定，不會浪費您的時間，您看可以嗎？」

這樣，就可以探測到客戶的深層資訊，接下來的溝通就能更加有的放矢。

3. 勇敢探測客戶的真實態度

當客戶說要考慮一下時，你可以說：

「李小姐，我能感覺到，您確實是有一些顧慮的。其實沒關係，您有任何顧慮都可以直接說出來。如果能解決，我會盡量幫您解決，如果不能解決，我也會非常坦誠地告訴您，絕對不會給您任何壓力，也不會浪費您的時間。所以，您方便告訴我嗎？」

這樣，你就可以針對李小姐具體的顧慮做更有針對性的解釋。

當客戶說她這段時間很忙時，你可以說：

「我完全理解，李小姐，看得出來您是非常忙的，否則您的事業也不會做得那麼好。只是，我隱隱有一種感覺，您似乎對我們的董事會不太感興趣，應該是不會考慮加入我們了。只是，您人特別好，不願意直接告訴我、讓我失望，所以才用了這樣一種委婉的表達，不知道我猜得對嗎？」

如果你猜錯了，說明這次合作有希望，李小姐也肯定會告訴你真實的情況。如果猜對了，也沒關係，你可以問一下李小姐拒絕你的真正原因，你可以這樣說：

「好的，沒問題，李小姐，我尊重您的選擇，那我之後就不再繼續推薦您了。只是，在我們溝通的最後，可否幫我一個小忙，就是可否告訴我，您之所以做出這個決定，最主要考量的點是什麼呢？因為我想不斷地提升我們的服務品質，以便未來再為別的客戶提供服務時，能夠更加心中有數，不知道您可以幫我這個小忙嗎？」

這樣你就可以了解客戶拒絕的原因。然後你再根據原因做出判斷，這個問題是誤會還是硬傷。如果是誤會，解除誤會，這樣你就有機會重啟對話。如果是硬傷，感謝之後，禮貌結束。銷售的本質，不是把任何東西賣給任何人，而是把「對」的東西賣給「對」的人。只要是真相，不需要糾結，坦然接受就好，開開心心迎接下一個客戶。

02　興趣真假：
　　主動諮詢的客戶，為什麼最後卻沒了興趣？

案例描述：

案例一：我是做保險銷售的。有一次，一位客戶主動打電話給我諮詢重疾險，說他身邊有人腦梗花了 8 萬多元，他擔心自己也生病，讓我為他推薦一款保險，我就做了一份方案給他。等方案講完，到了做購買決定時，他卻打退堂鼓了，給出各種藉口，或者說沒錢，或者說家人反對。我很困惑，客戶明明是有痛點的，為什麼最後卻反悔了呢？

案例二：我是做近視雷射手術的。有一次，一位客戶前來諮詢。她說她現在的情況是，開車需要戴眼鏡，其他時候不太需要戴眼鏡，問這樣的情況需要做手術嗎？我就說，她這樣的情況做手術效果是很好的，還講了很多案例給她聽，她說要考慮考慮就離開了，後來就聯繫不上了。我總覺得，客戶應該是有需求的，但我就是沒有辦法讓她下決心，請問這樣的情況，到底應該怎麼溝通？

案例分析：

這兩個案例的核心問題都在於，客戶的痛點，並不扎實。

很多銷售人員對主動上門諮詢的客戶有一個誤解，即只要問了客戶

「為什麼會來諮詢」這樣的問題，客戶的回應看起來有鼻子有眼，或者是合情合理的，他們就會認為，客戶是一個有需求的真客戶，於是火力全開，直接開始介紹產品，並進入成交環節。其實，你可能完全會錯意了，這只是一場美麗的誤會。

因為痛是有不同等級的，如果痛到十級才能成交，那就意味著，十級以下可能都是你自作多情、一廂情願。你以為的客戶的痛點，可能只是客戶一個觸景生情的很淺的想法，並不持久。如同人被燙了一下而尖叫，只要離開了滾燙的物體，痛的感覺就會迅速減輕，甚至消失。

所以，面對主動上門諮詢的客戶，你需要做的第一件事，不是相信，而是懷疑。

你可以懷疑客戶其實並沒有多大問題，完全可以保持現狀；也可以懷疑客戶即便有問題，也不一定需要你的產品。這樣的懷疑不僅可以幫助你確認客戶的真實想法，也可以幫助客戶整理自己的思路。如果懷疑之後，發現問題屬實，你與客戶雙向奔赴，順利成交。如果懷疑之後，發現確實沒必要，那就彼此尊重，各自安好。

這個過程本質上就是一個甄別客戶的過程。只有經過甄別留下來的客戶，才值得你認真對待，否則他們跟路人沒有太大的區別。優秀的銷售人員做的最多的工作就是甄別客戶，一旦甄別清楚了，成交如同探囊取物，非常輕鬆。

而普通的銷售人員做的最多的工作往往是成交客戶，導致阻力很大、困難重重，即便用了 108 般武藝，還是收效甚微。其實，不是技巧無效，而是技巧用錯了地方、用錯了人。這些阻力也好、困難也罷，絕大部分都是那些「錯誤的客戶」帶給你的，只要你能夠在前期把他們甄別出來，成交就不是一場戰鬥，而是一次享受。

行動建議：

1. 保險案例

當客戶跟你說，身邊有人腦梗花了 8 萬多元，他擔心自己也生病時，你可以跟客戶展開如下的對話。

銷售人員：「聽您說到這樣的事，我確實感到非常遺憾。

不過您因此想要了解保險，我還是有點好奇，說白了，這樣的事情不是每天都在發生嗎？只是大多發生在一些陌生人身上。怎麼發生在朋友身上就讓您有這麼大的觸動？」

客戶：「要是別人生病，我還真沒什麼感覺，關鍵這次是我關係很好的一個朋友病了，他平時多健康的一個人啊，居然會進醫院，我完全沒想到。重點是，他也沒什麼積蓄，花的 8 萬元全靠父母去湊，真是難為他父母了。」

銷售人員：「原來是這樣。我之前也遇到過一些跟您有類似想法的客戶，但是很多都是等朋友的事情過去了，通常也就沒什麼感覺了，畢竟自己目前身體還很健康，投保好像也沒有那麼必要。我猜您會不會也是一時興起找我諮詢，過不了幾天就又改變主意了呢？」

接下來客戶的回應就會分流，A 代表積極態度，B 代表消極態度。

A（積極態度）

客戶：「其實我 1 年前就有投保的念頭了，但是一直覺得不急，這次朋友的事情可算是讓我下定決心了，有份保險，有備無患嘛。」

銷售人員：「看來您這個計畫已經拖了 1 年了呀。那這次跟我諮詢完，您會不會還是覺得不急，畢竟朋友的情況也未必發生在自己身上，所以就又拖到明年去了呢？」

模組三　案例篇

客戶：「不，這次我是下定決心了，反正早買晚買都要買，買了我就不用每次看到這些事情時擔心自己了。」

如果客戶的回應是類似這樣的，那說明他的投保動機是比較扎實的，你繼續跟進，成交應該希望很大。

B（消極態度）

客戶：「其實我確實是想先諮詢一下，萬一以後要買心裡也好有個底。」

銷售人員：「完全理解，您這個想法非常正常，很多人在第一次買保險時，都會考慮很久，有的甚至會考慮大半年、1 年以上，沒事的。

既然您是來做前期諮詢的，那您有任何想諮詢的問題，都可以儘管問我。我不敢說我有多專業，但是我可以保證，我說的一定是實話，絕不會騙您，這也是我可以在這個行業堅持 10 年的原因。

當然，向我諮詢不代表您以後就一定要找我買保險啊，絕對不是，我反倒建議您挑一個您比較熟悉的、比較信得過的朋友買保險。所以，我們今天就當閒聊，好嗎？」

這樣你就可以爭取到跟客戶進一步溝通的機會。當然，客戶也可能不願意聊，那就尊重他。但是毫無疑問，你放慢節奏，會讓客戶感覺很舒服，對你印象很好。所以，即便當下不找你買，他以後也可能會找你。

2. 雷射手術案例

當客戶跟你說，她開車才需要戴眼鏡，其他時候不太需要戴眼鏡時，你可以跟客戶展開如下的對話。

銷售人員：「聽起來，您的近視度數應該比較低吧？」

需求類實戰案例

客戶：「我近視三四百度。」

銷售人員：「如果只是開車才需要戴眼鏡，其他時候不需要戴的話，好像戴眼鏡這件事情也並沒有對您的生活造成太大的困擾啊。所以，我有點好奇，究竟是一個怎樣的考量，讓您願意花時間、花精力專程來到我們店諮詢的呢？」

接下來客戶的回應就會分流，A 代表積極態度，B 代表消極態度。

A（積極態度）

客戶：「其實不止是開車，看書、看電腦也會受影響，我想要看得更清楚一些，還是要戴的，否則就會有重影。」

銷售人員：「那您戴眼鏡多久了？應該早就習慣了吧？」

客戶：「我戴眼鏡是滿久了，但還是覺得有點不太方便。」

銷售人員：「我之前也接觸過一些和您類似的客戶，他們有的會覺得，反正自己的度數也不是很高，也不需要全天戴眼鏡，這點不方便還可以接受。而且，雖然雷射手術技術已經很成熟，但是提到做手術，大家心裡總是有點怕怕的，最終也會選擇放棄。不知道您會不會也有類似的想法呢？」

如果客戶反駁了這樣的說法，說明這個客戶還是比較篤定的，你可以放心往下推進。但是如果客戶猶豫了，那你也知道了影響她決策的關鍵點到底在哪裡，你就可以跟她一起來分析這個問題，看看影響程度究竟有多大。如果客戶最終說服了自己，相當於排雷成功。但是如果客戶沒有說服自己，那彼此尊重也是一個好結果。

B（消極態度）

客戶：「其實是我媽建議我來的，我自己倒覺得，好像沒有做手術的必要。」

267

銷售人員：「原來是這樣。看來您和媽媽的想法產生了分歧。你們主要的分歧點是什麼呢？」

客戶：「我們……」

銷售人員：「了解了。但是我猜，如果您完全不認同媽媽的想法，或許您根本連來都不會來。既然您今天主動來諮詢了，一定是心中還有疑問，想要得到某個答案，不知道我猜得對嗎？

如果是這樣的話，您不妨把您心中的疑問告訴我，我嘗試著為您解答一下。如果解答清楚了，確定了您這種情況確實沒必要做手術，那您回到家面對媽媽時，不是也有更專業的說法來說服她了嗎？

所以，如果您還算信任我的話，您有什麼想問的可以儘管問。」

這樣，客戶可能就會把心中的疑問說出來，而你也獲得了機會。記住，真相永遠走在成交的前面。

03　免費培訓：
　　我是如何掉入客戶免費贈服務的陷阱？

案例描述：

我是做美容產品銷售的，我的目標客戶是美容店老闆。有一次，我聯繫美容店的張老闆。在溝通過程中，對方告訴我，她想換掉目前的供應商。因為這家供應商的產品，客戶認知度不高，價格卻比較高，能接受的客戶只有一小部分。她認為我們家的產品，客戶認知度比較高，價格也合適。她還提到，她們用之前那家的產品，出現過嚴重的事故，她因此在醫院裡陪護客戶 2 天，覺得錢賺得不踏實。我一聽，感覺合作希望蠻大，心中大喜。

接下來，我們就談到了培訓項目，這是我們公司的一個免費的「2＋15」售前服務項目。旨在透過 2 天的培訓，讓客戶更了解我們的產品和技術，然後再透過 15 天的輔導，提升員工的技能，同時實現比較好的銷售轉化，讓客戶對我們更有信心。

但是，當我提出一些合作條件時，比如這 15 天能否獨家合作、能否透過對客戶資料的梳理篩選出合適的客戶邀約到店體驗服務、能否對員工做績效考核時，卻都被一些聽起來很合理的理由婉拒了。

我當時就有種感覺，她會不會只想免費學習我們的技術，其實並不想真正合作。因為我們家的技術確實是優勢，很多客戶之所以跟我們合作，就是因為看重我們家的技術。而這個技術，即便換一種產品，也是可以用的。但是我轉念一想，這位老闆似乎還是挺有誠意的，既然她有難處，我就體諒一下，於是，我接下了這場培訓。

果然，培訓完之後，因為客戶並沒有真正的合作意向，15 天的輔導也漸漸形同虛設，然後……就沒有然後了。

案例分析：

很明顯，這個案例最根本的問題，出在「甄別客戶」上。

具體表現如下。

1. 對客戶真正的購買動機缺乏甄別

但凡你從事銷售工作的時間稍微長一點，你就會發現一個規律：那些剛開始感覺很難搞的客戶，各種提意見、各種提要求、各種挑剔質疑，但是只要你真的讓他感受到你的價值了，客戶前後態度的變化也會很明顯，雙方越聊越輕鬆、越聊越投機，成交也會更順暢，因為這是真客戶。

但是，那些剛開始接觸就非常主動地迎合你、非常清楚自己的需求、對你的產品讚不絕口的人，你反而要小心，因為他們有可能動機不純、別有用心。最後，要麼套一堆資料卻成交不了，要麼成交之後也會面臨大麻煩，這就是所謂的假客戶。當然這並不是說，所有容易成交的客戶都有問題，而是說，我們要有甄別的意識。所謂「嫌貨才是買貨人」，這是人性，「不嫌貨」了，反而要提高警惕。

從上面案例的描述中，你可以得出的大致結論是：客戶要換目前的供應商，這大概是真的，因為當前的供應商確實帶給她麻煩和困擾。但是至於要不要採購你們家產品，理由卻並不充分，她只是提到你們家產品客戶認知度高、價格合適。但是你冷靜下來想一想，客戶認知度高、價格合適的產品，真的只有你們一家嗎？她就沒有別的選擇嗎？而且，這兩個指標，真的那麼有說服力嗎？會不會有點虛？你再仔細回顧一下你們過去成交的客戶，大部分的客戶到底是基於什麼跟你們家合作的，真的是因為認知度高和價格合適嗎？如果你能分析到這一層，我想你就不會太興奮了。

那為什麼還是有很多銷售人員會被假客戶糊弄呢？因為急於成交的心態矇蔽了他們的雙眼，讓他們只選擇去聽那些對自己有利的部分，而不去聽那些對自己不利的部分，從而失去了該有的判斷力。

2. 對客戶不合常理的不配合缺乏甄別

從上面的案例中可以看出，2 天的免費培訓加 15 天的輔導，是你們家的售前服務，過程中你們還會講授你們家被很多客戶看好的一套技術。但是客戶表現出來的態度卻可以概括為：只要培訓，不要輔導。因為她對你提出的一系列保證輔導效果的建議都表示了拒絕。難道這種態

度不反常嗎？如果她認為你們的建議不合理，她也可以提出新的想法啊，怎麼會是這樣一種「純拒絕、不作為」的狀態呢？而如果她真的有困難，實在配合不了 15 天的輔導，為什麼不換個時間再進行這個完整的項目呢？只做培訓，不做輔導，對新產品的推動真的好嗎？那如果她只要培訓，她最終要的又是什麼呢？

以上問題如果能夠引起你的重視，你掉進陷阱的機率就會小很多。

行動建議：

1. 甄別客戶的購買動機

當客戶表現出特別想合作的想法時，你可以這樣說：

「張總，感謝您對我們家產品的認可。

只是，畢竟我也在這個行業服務了很多年，據我所知，就您提到的『客戶認知度』和『價格』方面比較對路的產品，好像您的選擇也不止我們這一家吧？

您千萬別誤會啊，我絕對沒有把您往外推的意思。只是，基於我多年的經驗，如果我不能很確切地知道，客戶為什麼會選擇我們家，其實我是很難推進後續服務的。因為我不確定怎麼做才是對客戶最好的、怎麼做才能令客戶滿意。

所以，我有點好奇，您之所以會這麼看重我們家，應該還有更深層次的考量吧？您願意跟我分享一下嗎？」

如果客戶說出了更深層次的原因，或許這個客戶是真的看重你們，只是之前還沒來得及表達。但是如果客戶還是反覆強調那兩點，那麼你可以保持謹慎的樂觀態度，往下推進。

2. 甄別客戶的合作意願

當客戶對合作的條件不配合時，你可以這樣說：

「張總，我感覺到您的為難了，也特別理解您作為老闆經營管理門市的不容易。

我在想，是不是我剛剛提的這些建議都不是特別符合你們店的實際情況啊？也怪我，只是基於過去的經驗，並沒有從實際情況出發，跟您說聲抱歉啊。

要不您看這樣可以嗎？您可否站在您的角度，提出一些更加切實有效的措施，來保障這15天的經營績效能夠達到我們剛剛設定的目標？如果能配合，我們公司會盡量配合，如果配合不了，我們再看還有沒有其他的解決辦法。反正目的只有一個，讓這15天的績效，用數字說話。您看行嗎？」

如果客戶確實提出了一些更加實際的措施，你們可以再商量，看看哪些可以辦到、哪些不能辦到，這就是一個不斷磋商的過程。但是如果客戶含糊其辭，提不出什麼有建設性的做法，那你就真的要小心了，或許客戶確實別有用心。

04 破冰溝通：
如何讓「隨便看看」的房產客戶不隨便？

案例描述：

我是做房產銷售的。我總是遇到這樣的情況：客戶來到門市，站在門口看我們的房源資訊。我問他想買什麼樣的房子，他就說隨便看看。問他有什麼樣的要求，他也不怎麼回答。邀請他進店坐著聊，他也傾向於「他問我答」的模式，讓我特別被動。

我想問的是,對於這種「隨便看看」的客戶,到底應該怎麼做才能和他進入一個比較正常的聊天狀態,讓他能夠說得更多呢?

案例分析:

這個案例的核心任務,其實是溝通的破冰:如何在溝通初期,跟客戶建立信任。

要達成這個目的,我們需要思考如下幾個問題。

問題1:客戶真的是「隨便看看」嗎?

大多數的客戶,其實都不會是「隨便看看」,都是有動機的,尤其是對於房子這種商品。你可能隨便去逛菜市場、隨便去逛超市,但是你不會沒事隨便去逛房產仲介的門市吧?

只是,由於迫切度不同,客戶往往對於一些相對遠期的需求,表現出一種「隨意」的狀態。要破這一點很容易,你可以跟客戶探討買房的時間,當然,要講究提問技巧。

問題2:客戶到底在擔心什麼?

客戶為什麼不願意跟你說太多?很顯然是怕被你推銷、怕被你死纏爛打、怕被你糊弄上當,他怕那些常見的傳統銷售人員的一切行為。既然你知道了這一點,你做出跟傳統銷售人員相反的行為,不就可以了嗎?客戶怕被你推銷,你就跟他「解除成交」。客戶怕被你催促,你就跟他約定回饋時間。客戶怕被騙,你就直接告訴他防騙的小技巧。他怕什麼,你就幫他拿走什麼,客戶不就可以安心一些了嗎?

問題3:客戶到底想要什麼?

你肯定會說,想要買到稱心如意的好房子啊。沒錯,是這樣。但是一位已經到了門市裡、面對著你的客戶,自然而然就會去想,他能不能

模組三　案例篇

從「你」這買到稱心如意的好房子。「你」跑到了「房子」的前面，核心就是你的專業度。

那客戶是如何判斷你的專業度的呢？

首先是外在。你的形象氣質，看上去是否專業。這個非常重要，不過這不是本書的重點，這裡就不展開講了，但是你需要格外重視這一點。

其次是內在。這裡需要強調一下，「專業」絕對不是指那些會在各類考試卷上出現的內容，也不是關於房子的鋼筋、水泥、造價等這些內容，而是對每一套房子的那些「住戶最關注的點」如數家珍。

比如，在電腦上隨便開啟一套房子的照片，你能否說出這套房子的幾個優點、幾個缺點，房子的位置怎麼樣，房子的隔音怎麼樣、周圍有沒有大的噪聲隱患，房子的採光怎麼樣、一天之中有多長的日照時間，房子離超市、菜市場有多遠，房子離醫院車程是多久，住戶每天早晚想要健身跑步時可以去哪些地方，甚至房子周圍的鄰居是什麼樣的、房子的原主人是什麼樣的等等。

這些資訊沒有人會一次性直接告訴你，需要你去踩點獲得。有時候，為了獲取更全面的資訊，可能還需要分不同的時間段，比如早晚分別去看才能得到。如果你能夠對你們門市的房源資訊掌握到這種程度，客戶「隨便看看」的時候，他看到哪一套，你就可以很自然地跟他講出哪一套的具體情況，你覺得他還會不搭理你嗎？

本書所講的技巧，就是建立在這樣的專業度的基礎之上的，不是純粹靠嘴皮子就可以讓客戶成交。如果你的專業度過硬，技巧就能夠讓你如虎添翼。但是如果你的專業度水準較低，技巧的威力就會大大減弱，甚至適得其反、作繭自縛。

行動建議：

1. 探測興趣點

當你看到客戶在你們家門市的房源資訊那裡盯著一套房駐足良久時，你可以這樣說：

「看來您對這套房子有點興趣？

其實這套房子是這樣的，喜歡它的客戶通常會更看重……（列舉優點），但是不太喜歡它的客戶卻覺得……（列舉缺點），不知道您怎麼看？」

請注意，說缺點不是為了趕走客戶，更不是為了貶低房子，相反，呈現房子的缺點可以相當程度上體現你的客觀性和專業度。因為，任何一套房子都不會是完美的，也不會適合所有人，你藉助別的客戶的口把這些東西表達出來，可以讓當前的客戶更方便地做出判斷，也更有興趣跟你討論。而且，很多時候，缺點也未必是真的缺點，換個角度、換個客戶、換個使用場景可能就成了優點。因此，客戶不會因為你的這些話就不喜歡房了，反而會因為這些話更信賴你。

2. 探測看房動機

當你詢問客戶想買什麼樣的房子，客戶說「隨便看看」時，你可以這樣說：

「完全理解，買房嘛，先大範圍了解一下是很有必要的。

通常有一些客戶會來到我們家門市看房子，是因為他們可能已經有比較中意的房子了，想看看我們這裡的價格會不會更優惠一些。不知道您的想法是不是也是如此？」

你可以多準備幾個類似的「猜測」去測試客戶的動機。如果客戶認

模組三　案例篇

同，那你們的聊天就自然展開了。如果客戶不認同，他大機率也會糾正你，那你們也可以正常進入聊天。

如果客戶認同，你可以接著問：

「那不知道您中意的房子在哪個地區、什麼位置？我幫您查詢一下。」

如果查詢到，你也剛好很熟悉，你恰好可以用專業度碾壓競爭對手：

「其實這套房子真的挺不錯的，您確實很有眼光，比如⋯⋯（列舉優點），但是有的客戶也會覺得⋯⋯（列舉缺點），不知道您是否會介意？」

但是如果你們沒有房源，你也可以接著說：

「很抱歉，這套房子我們暫時沒有房源。

不過，我感覺，您之所以會喜歡這套房子，應該是比較看重⋯⋯（列舉優點）吧？如果是這樣的話，我們門市倒是有類似的房子，不知道您是否有興趣了解一下，還是說您除了這套房子，完全不會考慮其他的？」

3. 探測購房時間

當你想要驗證面前的客戶是不是一位可以近期成交的客戶時，你可以這樣說：

「不知道您平時工作忙嗎？

其實買房確實是一件需要專門花時間、花精力去仔細了解的事情，根據我們的經驗，很多客戶從看房到真正確定，大概需要經過這麼幾個階段⋯⋯大概需要花⋯⋯的時間。我看您的狀態，似乎並不是很著急，我想您應該只是處於一個前期了解階段，並沒有真正購房的具體計畫吧？」

接下來客戶的回應就會分流，A 代表積極態度，B 代表消極態度。

需求類實戰案例

A（積極態度）

客戶：「我確實有購房計畫。」

銷售人員：「那如果要投入時間精力專門做這件事，您最遲想在幾月之前，搞定這事？」

如果客戶給了你大致的時間，代表著客戶是有一定迫切度的，同時，之後你也可以用這個時間來倒推，合理安排客戶的購買程序。

B（消極態度）

客戶：「確實是前期了解。」

銷售人員：「沒關係，這很正常，前期的充分了解是非常有必要的。

不知道您是否願意告訴我幾個您大致的選房標準呢？我可以站在前期幫您參謀的基礎上，替您留意一下，如果有合適的我就傳給您看看，您覺得不錯我們再實地看。反正我對房子也熟，這件事於我而言就是舉手之勞。對於您，也可以節省一些精力。您看可以嗎？」

如果客戶願意，他肯定會告訴你他的購房標準，那麼你就可以了解更多資訊，方便後期轉化。但是如果客戶不願意，可能說明客戶確實還處於比較早期的看房階段，或者他已經有比較信賴的房產仲介了，那你就坦然接受吧。

05 拖延症客戶：
想要提升學歷卻毫無緊迫感，怎麼辦？

案例描述：

我是做升學教育的。我碰到的一個問題是，客戶是有痛點的，就是要為未來的升職加薪做準備。我與客戶也談妥了費用。但是，因為學校

> 模組三　案例篇

開學的日期是相對固定的，所以，離開學日期比較遠的那些時段，客戶就特別喜歡拖延。而客戶在拖延的過程中，就比較容易發生風險，不是最終改變主意放棄提升學歷了，就是被競爭對手搶走了。我們為了讓客戶提前報名，也會推出一些限時的價格優惠政策，但是時間一長，效果就不太好了。有沒有什麼辦法，可以讓客戶提前報名、提前成交呢？

案例分析：

這樣的情況下，想要讓客戶提前成交，必須滿足以下兩個前提條件。

1. 內因：客戶的痛點是真實存在的

也就是說，客戶確實有不得不提升學歷的理由。比如，公司相關政策規定，達不到什麼學歷就無法升職，或者會被自動淘汰，而無法升職或自動淘汰帶來的短期後果和長期後果客戶都很清楚，並且不願意承擔。再如，客戶心儀的公司的應徵廣告列明，學歷必須達到什麼等級才能應徵，而客戶對這個職位垂涎已久，如果不能得到，簡直寢食難安。你要知道，每一個做出購買決定的客戶，背後必然有一個不得不如此的理由。如果找不到這個理由，客戶必然會處於一種滿不在乎、到處比較、你急他不急的狀態。

但是，根據案例的描述，客戶居然會在拖延的過程中改變主意，也就是放棄提升學歷了，那就說明，要麼客戶有潛在痛點，但是你沒有挖掘出來；要麼客戶幾乎沒有痛點，是你自己會錯了意。

2. 外因：如果客戶不提前報名，會遭遇他不想要的後果

比如客戶想報讀的學校或科系發生政策變動，他可能會報不上；或者考試難度增加、考試次數增加等等。這些是客觀的，不是憑空捏造的，但是需要你用合適的方式把這些資訊傳遞出來。

以上兩個前提條件必須同時滿足，才有可能讓客戶提前報名，否則，提前報名只是你的異想天開。同時，使用優惠政策時也需要注意技巧。雖然它能發揮一定的作用，但是無法發揮決定作用的，只有在客戶痛點很深刻的情況下才會發揮作用。而且，用得不好，會被反噬。

行動建議：

1. 深度挖掘客戶的痛點

如果客戶跟你說，他提升學歷是想為未來的升職加薪做準備，你就可以說：

「那看來您對自己是有要求的，對未來也是很有規劃的。不知道我可不可以問一下，如果一切順利的話，您最希望在哪一年實現晉升呢？」

接下來客戶的回應就會分流，A 代表積極態度，B 代表消極態度。

A（積極態度）

客戶：「我當然希望越快越好，不過如果要提升學歷的話，應該最早也是後年。」

銷售人員：「看來您升職希望很大啊，那我要提前恭喜您了，這真是一個振奮人心的好消息。

聽您說得這麼篤定，我猜想您應該是得到內部消息了吧，不然怎麼會這麼有把握？」

客戶：「我們單位政策規定，從中級技術員更新為高級技術員，學歷必須是大學畢業，我其他標準都達到了，只有學歷不達標。」

如果客戶的回答是類似這樣的，代表著客戶的購買動機比較明確，你的機會就會比較大。

模組三　案例篇

B（消極態度）

客戶：「升職時間怎麼可能確定？只能是走一步看一步吧。」

銷售人員：「您的心情我特別理解。確實，我們的晉升都掌握在別人手裡。可能即便有了學歷，競爭也是很激烈的，也不一定能如願。

所以，我可不可以理解為，其實您對學歷提升這件事，也並沒有完全想好，覺得即便花時間、花精力提升了，也未必對未來的職業生涯有什麼實質性的幫助，我可以這麼理解嗎？」

客戶：「那也不能這麼說，幫助總還是有一些的。」

銷售人員：「那在您看來，如果真的有幫助，大概會體現在哪些方面呢？」

如果客戶有點警惕，不願意回答，你可以解釋一下：

「您別誤會啊，我沒別的意思。我只是想跟您探討一下，學歷提升對於您而言，是否真有那麼必要？畢竟投入的時間、精力和金錢都不少。如果沒太大必要，我們就不用花那個冤枉錢了。所以，您願意跟我聊聊您的真實想法嗎？」

如果客戶對這個問題的回答是有具體內容的，甚至可以舉出一些例子，那就說明，你是可以爭取這個客戶的。同時，為了加強他的購買動機，你也可以找一些這方面的案例跟他分享一下。如果你了解一些職業規劃方面的知識，你還可以幫助他把不確定的未來，分解成幾個確定的階段性目標，然後把這些目標跟學歷關聯起來，那這單就更穩了。當然，職業規劃需要一定的專業度，如果你暫時不具備，用上面「提問引導＋案例分享」的方式，也已經可以達到很好的效果了。重點就是，一定要讓客戶非常明確地意識到，學歷對於他而言究竟意味著什麼，不是

那種很虛的口號，而是實實在在的、具體明確的，可以帶給人快樂或痛苦的「好的結果」或「不好的結果」。

但是，如果客戶對上面那個問題的回應是比較含糊的，那就說明，客戶可能確實沒想好。當然，為了進一步確認，你也可以跟客戶分享幾個案例，看看客戶的反應。如果客戶反應依然很平淡，說明這個客戶還不成熟，先放一放再說，目前成交不太現實。

以上的溝通過程再次說明，客戶的痛點不是銷售人員強加給他的，也不是無中生有的，而是客戶內心本來就有的，銷售人員的作用只是幫助客戶梳理自己內心的真實想法，讓真相浮出水面。

2. 探討不提前報名的風險

如果客戶痛點明確，也已經選好學校和科系了，但是因為離報名截止還有一段時間，客戶不著急，你就可以這樣說：

「好的，沒問題，現在離報名截止還有一段時間，確實不需要著急。

只是，有一個情況，我可能需要跟您提前說明一下。就是有一些學校，招生政策會在中途發生變化，比如停止招生了或者科系招滿了，那麼本來想要報讀的學員可能就需要重新選擇學校或科系。不知道這種情況您可以接受嗎？

因為我們過去的確就遇到了這樣的情況，不過大部分學員還是可以接受的，畢竟他們對學校和科系也沒有那麼嚴格的要求。但是確實有很多目標明確的學員，接受不了這個情況。我不知道就您個人而言，您的想法是什麼？」

如果客戶的回應是：「不介意，哪個都行。」那麼你也只能尊重他。但是如果客戶的回應是：「很介意。」那麼你就可以接著說出下面的話：

「那看來，您選擇學校和科系確實是非常慎重的。

我們過去有些學員，為了避免類似事情的發生，可能會選擇提前報名。我不確定，透過這樣的方式確保百分之百被目標院校錄取，在不在您的考慮範圍之內呢？」

這樣溝通，就可以把一部分確實很介意的客戶篩選出來，達到讓他們提前報名的目的。

當然，需要強調一下，這樣做，絕對不是把一個本來不著急的客戶變得很著急，而是把那些本來就著急的客戶篩出來，實現雙贏。

3. 正確使用優惠

我看到有些人是這樣使用優惠政策的：

「張同學，我們公司為了回饋廣大客戶對我們的支持，推出了一個優惠政策，如果在月底之前報名，可以享受8.8折優惠，過了月底就恢復原價。現在離月底只有1週了，這可是一個很大的優惠，您可千萬不要錯過啦。」

這樣的表述乍一聽好像沒什麼大問題。尤其是，如果這段話是跟在上文很扎實的「挖掘痛點」之後表達出來的，更顯得沒問題。因為當客戶的購買動機被徹底激發出來時，優惠就是錦上添花，可以讓客戶快一點做決定。

但是這樣的表述方式也特別容易引導客戶跟你討價還價，因為當你把優惠當成「成交利器」時，客戶也自然會把優惠當成「講價利器」，你的焦點引導了客戶的焦點。結果就是，明明做出了巨大讓步，但是客戶仍舊不領情，總覺得還有空間可以壓榨。

如果你想把銷售工作變得更簡單、輕鬆一點，可以試試下面的說法：

「張同學,您說要考慮考慮,這是非常正常的,我特別理解。

只是,有一個情況,我可能需要跟您提前說明一下。就是我們公司目前有一個優惠政策,8.8折優惠,月底到期。其實您一看就知道,這就是一個促銷手段,有些客戶會很反感。但是也的確不能否認,這確實是一份實實在在的實惠。

我跟您說這個,絕對沒有半點催促您的意思啊,您千萬別誤會。只是我不知道,這個優惠對您而言到底有沒有意義?還是說,其實您完全沒有想過,要在月底之前搞定這事?」

這樣說,優惠就只是一個產品核心價值之外的附加價值,是一個「有更好、沒有也不影響」的配角,對不買的客戶,沒有任何影響,對買的客戶,給予一點實惠。因此,客戶的焦點依然會在產品本身、需求本身,不僅不會陷入對優惠的討價還價中,還會因為占便宜的心理,產生快速成交的欲望。

06 排除干擾:
客戶主動投保卻因妻子干擾反悔,如何挽回?

案例描述:

我是做財產保險的。有一位老客戶張總,生意做得很大,他是公司總經理,他的妻子李總是公司財務總監。他提出要為自己的工廠廠房上保險,說最近這段時間工廠旁邊工地施工爆破,把他的辦公樓震得一晃一晃的,剛開始他還以為是地震,嚇壞了。

我們在溝通的過程中,他們夫妻倆產生了很大的分歧。張總覺得有必要保險,但是他妻子卻覺得,房子很堅固,肯定沒問題,沒必要保

險。最終他還是堅持了自己的想法，讓我放心去辦。

我按照他的意思設計了方案，並報了價，他也同意了。

但是等到要付款的時候，我去找財務總監，也就是客戶的妻子李總，她卻說：「錢壓在貨上，帳上餘額不夠，需要等一段時間。」當我再次見到張總本人時，他的話鋒也變了，說以我們這麼多年的關係，他很願意照顧我的生意，但是現在錢的方面確實不方便，需要過段時間。我感覺他的態度發生了很大的轉變，幾乎是拒絕的意思了。

明明決策人是他，最後卻因為妻子的態度改變了主意。這種情況，到底該怎麼處理呢？

案例分析：

這個案例中的問題主要在於如下兩點。

1. 對於第一決策人的動機沒有充分夯實

客戶說的工廠旁邊工地施工爆破，這顯然是一個偶發事件，這個事件造成的影響是極其不穩定的。等這個事件一過，危機解除了，客戶可能就又回到之前那個狀態了。要讓客戶產生真正的、持久的觸動，就需要把這個偶發事件帶來的影響跟他內心深處真正的擔心連繫起來。為什麼工地爆破了，他會想到為自己投保？他到底在擔心什麼、他的工廠廠房到底有多大的機率會發生風險、萬一發生風險損失有多大？如果不搞清楚這些問題，一定會降低客戶投保的必要性，那麼在成交時出現反悔，就變得很正常了。

2. 對於第二決策人的異議沒有足夠重視

客戶妻子反對的關鍵點到底是什麼？是覺得房子真的很堅固、不會有風險，還是主要從財務角度考慮、節省開支？這家公司在過去的決策

中，通常是一種怎樣的情形？是丈夫決策還是夫妻共同決策？在這個案例中，妻子提出了反對意見，銷售人員卻並沒有足夠重視，而是仗著客戶對自己的支持就把銷售流程推進到了下一步。其實，在群體決策中，確實不需要做到所有人都投贊成票才能成交，但是至少需要做到不反對、保持中立，而這個案例中客戶妻子的表現顯然不是這樣的，這就為之後的成交埋下了隱患。

行動建議：

1. 深度挖掘客戶痛點

當客戶跟你說，因為工廠旁邊工地施工爆破讓他有了投保的想法時，你可以這樣說：

「張總，您此時的心情我非常理解，也非常感謝您願意給我這個業務機會。

但是說實在的，工地爆破只是一個偶發事件，爆破時產生的餘波會引起旁邊房子的震動，雖然確實有點可怕，但是也算是一個正常現象。

我感覺您平時是一個非常樂觀的人啊，難道這件事真的會對您造成什麼影響嗎？」

這個時候，客戶可能就會往更深的層次去探索自己的內心，比如他可能會說其實他之前看過一些新聞報導地震或火災的案例，甚至可能會講他朋友的案例，你就可以接著說：

「原來是這樣。那看來您的確是很有風險意識的。

不過，我之前也確實接觸過一些客戶，他們剛開始在某些事件的影響下也會對投保這件事非常上心，但是之後冷靜下來一想，或者周圍人一勸，就覺得這件事雖然發生時造成的損失很大，但是發生機率卻很

小，似乎也沒什麼投保的必要，就放棄了。我不知道您是否也屬於這樣的情況？」

　　猜猜看，客戶大機率會怎麼說呢？如果他果真動搖了，那說明他的投保動機本來就不穩，他的內心依然有反對的聲音，只是被你以這種方式提前辨識出來了。如果是這樣的情況，即便你推動著去成交，最後他也會反悔。你不如問問客戶，他的顧慮點到底是什麼，然後針對他的顧慮點對症下藥。能改變客戶認知當然最好，改變不了你也只能接受，說明時機還不成熟。

　　但是如果客戶發現了自己內心最深層的擔憂，比如市場競爭、事業風險等等，甚至還跟你算了一筆損失的帳，那麼這張單就比較穩了，即便再有別的什麼人從中作梗，他應該也不會輕易改變決定。

2. 謹慎面對潛在干擾

　　如果你跟客戶的溝通已經非常充分了，那對客戶妻子這邊的處理將會變得比較簡單。當客戶妻子在這個過程中提出了異議，說房子很牢固、不會有問題，你可以藉著這話，對客戶說：

　　「張總，其實站在李總的立場上，我覺得李總的話也不無道理，如果房子很牢固，發生風險的機率確實非常小。不瞞您說，很多客戶在投保之前都跟李總有一樣的想法。

　　但是站在您的角度，聽到您剛剛說的那些話、那些事，我覺得您的擔憂也情有可原，讓我非常感同身受。

　　現在，我是真不知道該聽誰的了。我可不想因為一份保險，搞得你們夫妻倆不和睦，那我就真成罪人了。你們覺得，我們接下來應該怎麼辦？」

需求類實戰案例

這段話的亮點是：保持中立，兩邊都認同，兩邊都支持，千萬不要幫著一方去說服另一方。否則，萬一他們突然達成同盟，你兩邊都不討好。本來嘛，銷售人員的角色相對於客戶而言，永遠都是配角，不是主角，你永遠要把掌控權交給客戶。你所要做的，是站在中立的角度，透過對雙方動機的深刻洞察，提醒雙方去發現彼此的差異點，再促進雙方去理解彼此的出發點，把雙方在溝通中沒有表達清楚的，或者容易造成歧義的未盡之意，透過你的理解補充完整，以期達成最終的共識。

在這個過程中，如果客戶妻子最終被客戶的想法影響了，當然最好。但是如果客戶被他妻子的想法影響了，說明客戶其實也不堅定，那麼他妻子的干擾就是個幌子，不是重點，你還是應該聚焦處理客戶的顧慮。

但是如果像這個案例中的情況，夫妻雙方都沒有辦法說服彼此，以至於客戶採取了武斷的拍板方式，而你想進一步測試並確認客戶的想法，就可以找個客戶妻子不在場的時間，這樣對客戶說：

「張總，說實話，因為一份保險的事情搞得你們夫妻倆不和睦，我內心是非常抱歉的。尤其您太太還是您事業上的搭檔、左膀右臂，如果你們之間鬧了矛盾，不止是小家庭受影響，公司也會大受影響。所以，您要不要再周全地考慮一下，這份保險還要不要辦？

如果您決定不辦了，我絕對會理解您的處境，不會怪您。」

如果客戶的答覆依然是肯定的，那這張單就相當穩了。同理，如果客戶改變了主意，你可以詢問一下具體原因，判斷一下有沒有可能解決，能解決最好，不能解決就彼此尊重。總之，成交不是撞大運，而是排除可能的風險，然後靜待花開。

模組三　案例篇

07　答非所問：
　　需求明確的客戶因回答失誤而流失，太遺憾！

案例描述：

我是做醫美行業的。我跟客戶有一段這樣的網路對話記錄，最終客戶不回應了，我不知道問題出在哪。

（網路對話記錄）

銷售人員：「很高興認識您，請問您想諮詢哪方面？」

客戶：「我想了解一下，5G 光雕和水動力吸脂哪個好？」

銷售人員：「請問方便知道您的年齡嗎？」

客戶：「45 歲。5G 光雕和水動力吸脂到底哪個好？它們都是手術嗎？」

銷售人員：「是的，您考慮手術減脂塑形嗎？」

客戶：「有更簡單的方法嗎？」

銷售人員：「我們是整形醫院，採用的都是手術的方式，沒有非手術的方式。您考慮手術的方式嗎？」

客戶：「我想找手術創傷小、恢復快的。」

銷售人員：「我們做治療是需要檢測您的脂肪情況和皮膚緊緻度的。您之前有面診過、讓醫生檢測過您的脂肪情況嗎？」

客戶：「沒有。」

銷售人員：「您的身高體重是多少呢？」

客戶：「58 公斤，152 公分。5G 光雕是最好的嗎？」

銷售人員：「治療的方式沒有哪種好、哪種不好的，主要看您的脂肪情況。」

客戶:「我的皮膚是比較鬆的。」

銷售人員:「要不我們加個好友,我傳給您一些我們不同的治療方案的照片,您可以自行判斷一下您的脂肪屬於哪一種類型,這樣也可以有一個全面直觀的了解。」

之後客戶就關閉視窗離開了。

案例分析:

這個案例中,為什麼客戶最終消失了?

我想,如果你是客戶,你也會消失。因為整篇對話看下來,客戶竟然沒有得到一點有價值、有營養的資訊,同時也沒有被激起一點興趣。毫不誇張地說,這就是一段無效對話。具體表現如下。

1. 客戶問了 3 次「5G 光雕和水動力吸脂哪個好」,但是都沒有得到回應

客戶第一次提問,銷售人員不理會客戶的問題,直接問客戶年齡;第二次提問,銷售人員自動忽略客戶的問題,說兩種都是手術。第三次提問,銷售人員說沒有好與不好,得看脂肪情況,客戶回覆皮膚較鬆,但是依然沒有得到正面的回答。

看得出來銷售人員很想透過提問的方式掌控局面,不想讓自己陷入回答問題的被動局面,更不想因為回答了客戶的問題、滿足了客戶的好奇心而沒有抓手去留住客戶。但是,提問,不代表只提問、不回答,尤其是對一個客戶已經問了 3 次的問題。而且,留住客戶,也絕對不是透過故意忽略客戶的問題來強行吊著客戶的好奇心。這種置之不理、避重就輕,以及沒有任何價值的回應,真的很沒有禮貌,脾氣火爆一點的客戶甚至可能會直接發飆。

模組三　案例篇

2. 銷售人員使用了 2 次官方回應「看脂肪情況」，卻不給客戶一個方向上的判斷

其實客戶在前期諮詢的時候，基本上也不會寄希望於銷售人員為其做出精確的判斷，只是想了解一個大致的方向，好讓自己心裡有一個底。但是銷售人員卻一味打官腔「看脂肪情況」。即便客戶又告知了身高、體重，以及皮膚較鬆這些資訊，依然沒有獲得任何有價值的資訊。

官方回應，其實是用來為那些客戶聽得懂，但是不太嚴謹的風險提示的。因為很多專業知識如果直接解釋，客戶聽不懂，不利於溝通。但是如果用大白話解釋，客戶聽懂了，又不太嚴謹，容易引發專業上的歧義。所以，如果能夠在通俗易懂的解釋之後加上這麼一句，既達到了讓客戶聽懂的目的，也不至於惹出麻煩。但是，如果直接用官方回應來代替必要的解釋，會顯得簡單粗暴、態度傲慢，導致溝通終止。

3. 銷售人員問了一堆細枝末節的問題，最關鍵的問題卻壓根沒問

什麼是最關鍵的問題？關於客戶想法、客戶訴求、客戶動機的問題，這是破題的關鍵，更是溝通的抓手，但是銷售人員壓根沒問，那客戶離開就是必然的結果了。

上面這個案例中，看得出來客戶一開始是有興趣的，也是帶著問題來的，引導好了其實是有成交機會的。但是銷售人員顯然用錯了方法、找錯了焦點，錯失了一次有效的溝通機會。

行動建議：

1. 用客戶聽得懂的話語塑造專業度、激發興趣

當客戶問「5G 光雕和水動力吸脂哪個好」時，你可以這樣說：

「很高興您能問到這個問題。

本質上，這兩種方式並沒有什麼可比性。因為，它們雖然在某些功能上有所重疊，但是解決的問題卻並不相同。

通常而言，選擇5G光雕的客戶，她們的情況大致是⋯⋯（列舉具體情況）她們更渴望⋯⋯而選擇水動力吸脂的客戶，她們的情況大致是⋯⋯（列舉具體情況）她們也更渴望⋯⋯

因為我對您的情況的確不了解，所以也不知道哪種方式更適合您。您方便跟我大致說說您的情況和基本訴求嗎？我可以幫您做個簡單的分析。」

客戶問兩種方式哪個好，其實想問的是，自己到底適合哪種。所以，不要去解釋手術本身，也不要在什麼資訊都沒提供的情況下，直接詢問客戶的資訊，而要透過列舉不同客戶的情況跟不同的手術去做對應，也就是告訴客戶，兩種手術分別適合什麼人以及什麼情況。這樣，客戶不僅能聽懂、有一種獲得感，更會從內心深處認可你的專業度。而當客戶把你看成一位專業人士而不是一位銷售人員時，她會更願意向你敞開心扉，因為回答你的問題等於是在幫她自己。

2. 測試客戶的態度並適時進行電話邀約

當客戶跟你聊了一些基本情況之後，你可以這樣說：

「看得出來，這個問題確實造成您一些困擾。

不過，如果只是稍微胖一點，並沒有很嚴重，也沒有影響到日常生活和身體健康的話，其實對於手術減肥這件事，很多人也只是想想，碰到了就順便諮詢一下，但是諮詢過後可能就又擱置了。不知道您是不是也屬於這種情況？」

接下來客戶的回應就會分流，A代表積極態度，B代表消極態度。

A（積極態度）

客戶：「其實我的確想了很久了，我這次是真的想做……」

銷售人員：「您的情況我大致了解了。目前看來，我們醫院應該是有能力解決您的問題的。畢竟類似的手術我們每年都會做很多臺，客戶的口碑也一直很好。但是因為每個人的具體情況不太一樣，我也的確不敢保證，我們醫院就一定是百分之百適合您的選擇。

您看這樣可以嗎？如果您現在的時間還算方便，我們可不可以直接電話溝通一下，大概 30 分鐘，您跟我具體說說您想要的效果以及您的顧慮點，我也跟您針對性地講講我們的解決方案，同時為您答疑解惑。

如果聊完之後您覺得合適，您就選擇一個時間，來我們醫院做個詳細的面診，醫生會從一個更專業的角度為您提供他的判斷和建議。但是如果聊完之後，您覺得不合適，也沒有關係，我會充分尊重您的決定，也省去了您來面診的時間。您看可以嗎？」

B（消極態度）

客戶：「我確實還沒想好，畢竟我也沒多胖，而且手術也有不小的風險。」

銷售人員：「那您最擔心的是什麼呢？」

客戶：「我擔心的是……」

銷售人員：「了解了。其實我們作為一家醫院，也是有我們的職業操守的。我們不會因為客戶想做什麼項目，就為客戶做什麼項目。對於不適當的項目，醫生會明確告知風險。

您看這樣可以嗎？如果您現在的時間還算方便，我們可不可以直接電話溝通一下？不過您別誤會啊，我不是為了說服您來做項目，只是為

了更高效地解答您的疑問，畢竟打字確實不太方便。

如果聊完之後您又想做了，您就選擇一個時間，來我們醫院做個詳細的面診，醫生會從一個更專業的角度為您提供他的判斷和建議。但是如果聊完之後，您決定還是不做了，也沒有關係，我會充分尊重您的決定，我們就當交個朋友。您看可以嗎？」

無論客戶是積極態度還是消極態度，你都可以盡量跟客戶爭取電話溝通的機會。如果能爭取到，說明成交可能性很大。不能爭取到，說明時機還不成熟。

08　討價還價：
健身客戶對價格滿意了，為何還是消失了？

案例描述：

我是在健身中心做銷售的。這是我跟一位客戶在網路上溝通的全過程。最終我答應了客戶想要的價格，但是客戶卻消失了。我想知道，我溝通的問題到底出在哪裡？

（網路溝通記錄）

銷售人員：「您好，張小姐，非常高興認識您。不知道您想了解哪方面？」

客戶：「你們的攀岩館是什麼樣的？」

銷售人員：「我把我們場館大致的位置和環境圖傳給您看看吧，裡面包含攀岩館的圖片。」

客戶：「你們攀岩館有點小啊。」

銷售人員：「在圖片上看起來可能有點小，實地看的話，可以容納 80 至 100 人。」

客戶：「請問你們有季卡嗎？」

銷售人員：「有的。」

客戶：「季卡多少錢？」

銷售人員：「1,199 元／季。」

客戶：「太貴了吧？」

銷售人員：「如果您真的要，我可以跟上司申請一下優惠。」

客戶：「可以便宜多少？」

銷售人員：「這個不確定，要申請了才知道。還是您先過來看看實際的場館，合適了我再幫您申請。」

客戶：「半年卡和年卡分別多少錢？」

銷售人員：「1,899 元／半年，3,399 元／年。」

客戶：「那游泳呢？」

銷售人員：「健身游泳，年卡 2,988 元。」

客戶：「我只要游泳，不要健身房。」「

銷售人員：「都一樣的，共用的一張卡，既可以用來游泳，也可以用來健身。」

客戶：「那我不考慮了。」

銷售人員：「您是覺得價格不合適嗎？」

客戶：「我不需要健身，只需要游泳和攀岩。我不想為我不需要的健身房出錢。」

> 需求類實戰案例

銷售人員:「還是我向領導申請一下,看看能不能攀岩和游泳一起報,爭取再優惠一點?」

客戶:「好的。」

(一段時間以後)

銷售人員:「張小姐,我這邊問過上司啦,如果攀岩和游泳一起報,優惠價是 5,899 元/年,不限次數。」

客戶:「我可以接受 5,500 元的價格。」

銷售人員:「張小姐,這個價格確實不是所有人都能享受到的,是我費了很大的工夫才跟上司申請到的。要不然這樣,我們約個時間,您先過來看看我們的場地和項目。到時如果您滿意的話,我們再看看有沒有其他的辦法,您覺得呢?」

客戶:「先談好價格我再來。」

銷售人員:「張小姐,那除價格之外您還有其他的問題嗎?」

銷售人員:「那現在是談好了價格就能定?還是說,即便談好了價格,您也要先過來看看場地和項目呢?」

銷售人員:「如果說,能想辦法給您想要的優惠,您準備什麼時候過來辦呢?」

銷售人員:「張小姐,在嗎?」

案例分析:

為什麼銷售人員最終給了客戶想要的優惠價,客戶還是消失了呢?

原因很明顯,不是價格問題,而是意願問題。

很多銷售人員或許會以為,客戶就是喜歡便宜,導致溝通的過程不知不覺成了價格談判。其實這是一個很大的失誤。客戶喜歡的便宜是有

模組三　案例篇

門檻的，只有在品質或效果過硬的情況下，客戶才喜歡便宜。如果品質或效果不達標，你的便宜不僅發揮不了作用，還會被客戶看成品質低的表現。

這個案例中，銷售人員從頭到尾聊的都是價格，硬是推開了一個有明確需求的客戶。你可能會說：「那客戶問的就是價格啊。」我回答她：「你別忘了，客戶買的不是價格，而是價值。如果你不能把談話導向價值層面，客戶就不可能產生真正的興趣。同時，客戶本身就不專業，尤其是對於一些不是很常規的產品。很多時候，不是客戶非要聊價格，而是客戶自己也不知道，除了價格，自己還可以聊什麼、還可以怎麼聊，那在價格上轉圈圈可能就是客戶的慣性了。」

如何才能扭轉這個局面呢？

將銷售模式從「推銷產品」轉變為「幫助客戶購買產品」。

如果是推銷產品，你和客戶就是進攻與防守的關係，你用優質和低價去進攻，客戶用挑剔和討價還價去防守，溝通的氛圍會非常緊張。但是如果是幫助客戶購買產品，你和客戶的關係就是同盟，交流的出發點就會變成，如何購買更可靠、如何購買更高效、如何購買更划算，而客戶在這樣的交流氛圍中自然會給予你更多的信任。客戶越信任你，你得到的資訊就越多，最後成交的可能性就會越大。

行動建議：

1. 探討客戶的購買標準

當客戶問起攀岩館的情況時，你可以這樣說：

「看來您對攀岩有興趣，真是讓我刮目相看啊。

說實話，攀岩是一個小眾的項目，對這個感興趣的大多是男生，女

生感興趣的比較少。據我所知，但凡對攀岩感興趣的女生，通常性格都很堅韌、自我要求也很高，真的很佩服您！

不知道您是之前就很喜歡這項運動，還是這是第一次接觸啊？」

透過這個問題為客戶分流，如果客戶是之前就很喜歡，我們暫且稱之為 A —— 老手，如果客戶是第一次接觸，我們暫且稱之為 B —— 新手。

A（老手）

客戶：「我之前就很喜歡。」

銷售人員：「那您為什麼不在原來的那家繼續了？是搬家了不方便，還是覺得有什麼不太滿意的呢？

您不妨直接告訴我，如果我們家的攀岩館能夠達到您的要求，當然很好，如果達不到，我也會直接告訴您，不會浪費您的時間。」

這樣，客戶就會跟你道出具體的原因，你就可以知道客戶喜歡什麼樣的攀岩館、客戶更在乎的標準是什麼。你可以據此判斷一下，你們家的攀岩館能否達到這個要求。如果差不多或超出標準，那就是好兆頭。但是如果差得很遠，你也可以用探討的口吻提出你們家其他的優勢，看看客戶是否在乎。如果客戶在乎，說明還有爭取的機會。如果客戶完全不在乎，那你就尊重客戶吧。」

B（新手）

客戶：「我是第一次接觸。」

銷售人員：「這樣啊。我可不可以了解一下，究竟是一個怎樣的契機讓您喜歡上攀岩呢？說實話，這項運動可不是一般人可以駕馭的，能夠喜歡上它的人，都不簡單。」

客戶：「我是⋯⋯」

銷售人員：「我大概明白了，好佩服您。我想，既然您這麼喜歡這項運動，一定也查詢了很多關於這項運動的資料吧？不知道您在選擇合適的攀岩館時，有沒有一些自己的標準呢？比如要滿足哪些條件之類的。

您不妨直接告訴我，如果我們家的攀岩館能夠達到您的要求，當然很好，如果達不到，我也會直接告訴您，不會浪費您的時間。」

這樣，客戶就會跟你聊出她的很多想法。你就可以據此做出判斷，看到底有沒有成交機會。

聊游泳項目同理，這裡就不重複了。

2. 探討客戶的預算

當客戶覺得季卡價格太貴時，你可以這樣說：

「完全理解，這個價格的確不便宜。

只是，因為不同類型的卡對應的是不同的人群，為了幫助您選擇更划算的卡，我可不可以問問您，您之所以選擇季卡，是出於怎樣的考量呢？」

這樣，客戶就會告訴你她選擇季卡的原因。你就可以結合你的專業知識，以及最佳的運動頻率、客戶的職業、交通等因素，為客戶分析一下各種卡的適合度。如果客戶結合各種因素考慮之後，選定了一種卡，但是依然嫌貴，你就可以這樣說：

「張小姐，我想確認一下，您是真的對我們的攀岩項目很感興趣，只是卡在價格上，還是說，其實您除價格之外，還有一些別的顧慮點？

我的想法是，如果您對我們的項目還有一些別的顧慮點，您不妨現在就提出來。如果我們能解決，當然最好。如果不能解決，我們也不用

在價格方面糾結了，您說是嗎？」

討論之後，確認就是價格問題，你可以繼續說：

「張小姐，是這樣的，價格方面我確實可以向上司去申請一個優惠。只是我想，無論價格合不合適，您最終都是要看場地的，如果場地達不到您的要求，我相信價格再低您也不會願意。

所以，您看這樣可以嗎？您什麼時間方便，我們約個時間，您實際過來看一下，我們免費送您一次體驗的機會。如果您覺得合適，我會給您一個足夠有誠意的價格，行或者不行，您可以當場做出決定，這樣效率更高。您看可以嗎？」

如果客戶同意，當然很好。如果客戶不同意，堅持要先拿到優惠價，你可以這樣說：

「張小姐，不瞞您說，我接觸過很多客戶，我發現，如果客戶不願意過來，多半是因為近期不考慮這個項目，只是提前做個了解。不知道，您是不是也屬於這種情況？」

這樣，就可以測試出客戶的真實情況。如果客戶的確是想辦卡的，但是確實有具體的苦衷，你們可以再商量處理辦法。如果客戶近期確實不考慮這個項目，你也可以了解一下大概的原因，然後再做判斷，是未來某個時間再跟進，還是就此放棄。總之，讓你的每一步都有結果，而不是處於懸而未決的狀態。

模組三　案例篇

非需求類實戰案例

銷售是個系統工程，

任何一個環節沒做好，

都會讓你功虧一簣。

所以，從做銷售工作的第一天起，

就注定，你需要成為全能選手。

你，準備好了嗎？

01　負面開局：
　　　客戶對公司或行業存偏見，如何化解？

案例描述：

案例一：我是做保險銷售的。有一次，我剛接洽上一位客戶，他就直接說，你們這保險也太欺負人了，買的時候說得好好的，什麼都賠，到了理賠的時候，卻找各種藉口、各種理由不賠，我上過一次當就算了，以後再也不會上當了。我跟他解釋，保險也是有保障範圍的，不可能什麼都賠，但是他完全聽不進去。

案例二：我是賣辦公軟體的。我們公司的經銷商遍布全國各地。雖然我們軟體的效能在業界的口碑一直不錯，但是各地經銷商的服務品質參差不齊，導致各地客戶的滿意度差很多。有一次，當我接洽一位客戶時，客戶公司的一位員工直接說：「這款產品肯定不行，我在以前的公司用過，特別不穩定。」我完全沒想到，他會當著老闆的面直接這麼說，

導致那次的會談非常尷尬。

請問在這樣開局為負分的情況下，還有扭轉局面的可能性嗎？還是只能放棄了？

案例分析：

其實這樣的情況，在銷售中挺常見的。

在你接洽客戶之前，客戶就已經對你的行業、你的公司、你的產品或你接替的上一位銷售人員有了不好的印象。至於還會不會有轉機，得看這個負面印象的嚴重程度。如果這個負面印象已經嚴重到雙方無法正常對話了，或者造成了極其嚴重的損失，那就不是透過溝通可以輕易解決的。就像一對已經撕破臉的夫妻，是很難重新建立正常的社交關係的。但是如果你們還可以溝通、說得上話，基本還是有辦法解決的。當然，這裡的解決指的是緩和關係，至於能不能成交，還要看後續的努力。

在處理的過程中，要注意如下幾點。

1. 一定不要反駁，要承擔責任

這樣的客戶通常是有情緒的，既然有情緒，他的表達就不會太嚴謹，用詞偏尖銳、誇張。這個時候，你千萬不能跟對方起衝突，而要誠懇道歉、誠懇認錯。雖然這個錯誤不是你造成的，但是你依然要用聽起來合情合理的說辭，讓對方獲得一種心靈上的撫慰。當對方心理上舒服了，他的心門才可能為你重新開啟。

2. 一定不要大而化之，要探究真相

可能有人會說：「為什麼一定要探究真相呢？真相有那麼重要嗎？事情都過去那麼久了，為什麼不能向前看呢？」

如果這件事可以那麼輕易向前看的話，大概就不存在要去處理負面

印象這回事了。正是因為負面印象已經影響到了你們的關係，所以你想直接跨過去是不太可能的，那就坦然面對，解開心結。同時，了解真相也有助於你了解客戶的關注點、在意點以及不能觸犯的雷區，以便於你在今後有機會為他提供服務時有所借鑑。

當然，如果客戶實在不願意說，或者你因為各種原因無法了解真相，你也可以把焦點轉移到未來，用未來的行動承諾來扭轉客戶的負面印象。

3. 一定不要急功近利，要探測態度

即便解釋清楚負面事件了，但是對方心裡究竟怎麼想的，是願意原諒還是不願意原諒、是願意包容還是不願意包容，你還是不清楚。這個時候，貿然開啟銷售流程是不合適的，會讓對方感覺你太急功近利。最穩妥的做法是，探測一下對方的態度，再判斷是否有銷售的機會。

行動建議：

1. 保險行業案例

當客戶跟你抱怨「保險騙人」時，你可以這樣說：「我特別理解您的心情。我相信，任何一個買了保險的人在遇到一些風險事件時，本來指望著保險能夠救急，卻沒想到完全指望不上，讓原本的困境雪上加霜，那種感受一定是非常崩潰的，我特別理解。

基於我這麼多年做保險的經驗，我發現，出現這種情況，大多是銷售人員的溝通錯位造成的，比如銷售人員沒有說清楚保險的保障範圍，或者為了成交誇大承諾，客戶買了之後或者發生保險事故之後才發現被騙了，完全是名不副實。我猜想您當時遇到的情況也差不多是這樣的吧？」

這段話的重點是，一定要站在客戶的立場盡量替客戶說出他的心理話。儘管有些心理話是不好聽的、不準確的，但是只要客戶有可能會這樣想，你就替他說出來。記住，你越想大事化小、文過飾非，甚至還強行解釋、強行洗白，客戶的脾氣就越大。但是你越渲染客戶的難處、客戶的苦衷、客戶的冤屈，客戶就越會覺得你懂他，原諒你的機率就越大。

如果客戶說出了他的遭遇，當然最好。如果客戶不願意說，你可以再次釋放你的善意：

「其實我沒別的意思，只是覺得，作為保險行業的一員，看到客戶被騙了，就會本能地想要幫客戶一把，想為客戶出點力、做點什麼。即便已經時過境遷、什麼也做不了了，找到一個懂的人傾訴一下，也可以讓自己舒服一點，您說是嗎？」

這樣客戶可能就會願意跟你說出他的遭遇。等客戶說完之後，你可以從專業角度幫客戶分析一下，問題到底出在哪裡，真相到底是什麼。不過，切記，即便是客戶的錯，也千萬不要指責客戶，而要以一種避免客戶再次踩雷的目的幫助客戶在未來規避風險。等客戶情緒平復之後，你可以繼續說：

「我想，那段不愉快的經歷應該也會讓您對我們這個行業，甚至對我都挺失望的吧？

所以，接下來，我不知道您是否還願意跟我建立一個聯繫，萬一未來要諮詢，還可以找到我，還是說，基本上您未來也不太可能會諮詢保險，所以，似乎也沒有必要建立聯繫？

您建議我怎麼做？您願意給我一個真實的答案嗎？」

把決定權交給客戶，你就輕鬆了。

模組三　案例篇

2. 辦公軟體行業案例

當客戶公司的員工當場抱怨你們的產品不好時，你可以這樣說：

「聽到您這樣說，我確實覺得特別抱歉，我為我們的產品曾經帶給您不愉快的使用體驗而深感歉意。

基於我多年服務客戶的經驗，我發現，很多時候出現這個問題，大機率是安裝偵錯不到位或者後期服務不及時造成的。所以，如果您方便的話，是否可以分享一下，當時是一個怎樣的情況？雖然已經不能彌補，但是至少可以在未來盡量避免重蹈覆轍。」

同樣地，如果那位員工願意說，會非常有助於你了解事情的真相，同時也有助於你消除這個問題造成的影響。記住，這個時候態度最重要，一定不能有任何辯解，一定不能有絲毫推卸責任的嫌疑，而要把錯誤的源頭歸咎於我方。客戶不會要求合作夥伴是一個完美的、不會犯錯的人，但是客戶一定會要求合作夥伴是一個勇於承擔責任並有能力解決問題的人。

如果對方不願意說得很詳細，你可以轉而對客戶領導說：

「無論如何，出現這樣的事情都極其不應該。我相信，這絕對不是一件小事，它一定會影響到貴公司對我們公司的產品實力和服務能力的評價。

所以，為了避免今後再次發生類似的事情，我回去之後會立刻了解具體情況，並協同公司的各個部門盡快研究出一套細緻的、切實可行的解決方案。

只是，我有點不確定，我們現在是繼續努力、爭取以更好的綜合實力來獲得貴公司的信賴呢，還是說，因為這件事，或許我們再努力也沒有意義？

您建議我接下來怎麼做？您願意給我一個真實的答案嗎？」

這樣，讓客戶做出選擇。只要這個問題不屬於硬傷，同時你的態度也夠誠懇，相信客戶還是會給你機會的。

02　客戶反駁：邏輯無誤，為何卻會被客戶反駁？

案例描述：

我是做課程銷售的，我們的目標客戶都是企業老闆以及他們的員工。有一次，我跟客戶加好友後，展開了如下的對話。

銷售人員：「您好，貴姓？」

客戶：「你們培訓的檔案傳給我一下吧。」

銷售人員：「方便先電話溝通一下嗎？我大概了解一下您公司的情況，然後看看適不適合。您電話號碼是多少？我打給您。」

客戶：「我參加一個培訓，你要問我公司情況？」

銷售人員：「因為有的適合，有的不適合。」

客戶：「那算了吧。你們講的又不是什麼高深的東西，我們也只是派員工出去學習。」

銷售人員：「我們的課程確實對學員的情況是有要求的，不適合的人，來了也聽不懂。請問您的情況是？」

（客戶沒有回覆）

銷售人員：「您還在嗎？」

後來他就不理我了。

過了段時間我才知道，這個客戶找了我們公司的另外一個銷售人

模組三　案例篇

員，最終成交了訂單。

我真的沒搞清楚，上面的溝通中，我哪裡錯了？

案例分析：

這個案例體現出來的問題，跟銷售的邏輯無關，只跟人的情商高低有關。

這位被客戶「拋棄」的銷售人員「低情商」具體表現為如下四點。

1. 打招呼時，語氣太硬

「您好，貴姓？」這句話用在普通的社交場合，或許沒什麼大問題。但是在銷售領域，因為客戶在心理上通常會處於優勢地位，這種過於乾脆俐落的開場方式，會讓客戶覺得有點被冒犯。當然，也不是所有的客戶都有這樣的感覺。

只是，在剛開始建立關係、還不太清楚對方脾性的情況下，說話語氣柔軟一點，是一種比較安全的方式。如果隨著交往的深入，你發現客戶的性格比較乾脆俐落，而他也希望你簡單直接一些，你也可以向他的風格靠近，但是切記，始終要比他柔軟一點，確保他是舒服的。

2. 不理會客戶的訴求，自顧自提出自己的訴求

客戶要銷售人員傳檔案，銷售人員沒有做出任何回應，而是直接說要打電話了解客戶的公司情況。這樣的處理方式會造成客戶一種不被尊重的感覺，彷彿客戶的事不重要，銷售人員的事才重要。

3. 陳述理由時，表達太硬

銷售人員提出跟客戶電話溝通，給出的理由竟然是「看看適不適合」、「因為有的適合，有的不適合」。這的確是個理由，但是卻不是一個

讓客戶覺得舒服的理由。

你可能會說，在本書的其他章節中，也出現了很多類似「適不適合」的表述方式，為什麼別的地方可以，這裡卻不行？

請留意一下，別的地方的「適不適合」通常的表述是：「看看這個課程適不適合您，看看這個產品適不適合您。」而這裡的表述補充完整一點就是：「看看你適不適合這個課程，看看你適不適合這個產品。」

乍一聽沒什麼區別，但是連繫上下文以及表達的軟硬度卻會給人不同的感覺。前者是把客戶擺在更高的位置，讓客戶來挑選產品，有一種努力去配合客戶高標準、高要求的感覺。潛臺詞是：「如果不適合，是我們不好，不是客戶不好。」而後者是把自己擺在更高的位置，是產品去挑選客戶，有一種居高臨下、任意挑揀的感覺。潛臺詞是：「如果不適合，是因為客戶不夠格。」

語言不僅包含字面意思，它還包含很多雖然你沒有明說，卻能讓對方清晰捕捉到的潛臺詞。比起語言的字面意思，潛臺詞才更能反應說話者真實的動機、想法和情緒。銷售人員尤其要注意，你的語言傳遞出來的潛臺詞是不是你真正想表達的。

4. 對方有情緒時，回覆太硬

在客戶說「那算了吧」之後，銷售人員沒有覺察到客戶的情緒，而是繼續糾結「適不適合」的話題。

雖然客戶這句話看似在終結對話，但是既然這份負面情緒是被突然激發的，就意味著它也可以被快速撫平。但是銷售人員顯然沒有注意到客戶的這份情緒，或者說沒有理會這份情緒，反而依然糾結於事情本身，最後讓客戶徹底關閉了對話。

模組三　案例篇

行動建議：

充分柔化你的語言。

1. 打招呼時的柔化處理

你可以把「您好，貴姓？」改為：

「您好，很高興認識您。我是××公司的××，您可以叫我××。請問您怎麼稱呼呢？」

這樣鋪陳一下，客戶或許就會更願意告訴你。

2. 提要求時的預熱處理

當客戶要你傳檔案，而你卻想跟客戶電話溝通時，你需要循序漸進，有一個緩衝和預熱過程，你可以跟客戶展開如下的對話。

客戶：「你們培訓的檔案傳給我一下吧。」

銷售人員：「很高興您能關注到我們的培訓。沒問題，我一會兒就傳給您，您可以慢慢看。

不過，為了避免您選錯課程，我想先提示一下您，我們這個課程確實不是所有的客戶都適合的。通常而言，能夠從我們這個課程中獲得最大收益的客戶，基本有這麼幾類……（列舉）我不知道您這邊是否也會面臨類似的一些挑戰呢？」

客戶：「我這裡的情況是……」

（雙方簡單互動幾個回合）

銷售人員：「初步聊下來，我覺得我們的課程應該是能夠幫助您解決問題的。只是，畢竟我們現在的交流還很淺，我的確不敢保證，我們就一定是百分之百適合您的選擇。

不知道您現在的時間是否方便？如果還算方便的話，我們可否電話溝通一下，大概 30 分鐘。您可以具體說說您的情況和核心訴求，我也可以針對性地跟您說說我們的解決思路。然後由您來判斷一下，這個課程到底適不適合您。

如果適合，當然很好，如果不適合，我會充分尊重您的決定，絕不會耽誤您的時間，您看行嗎？」

客戶：「可以。」

銷售人員：「那您的電話號碼是多少？我打給您。」

這樣說，理由很利他，語氣又很柔軟，客戶大機率會願意配合你。

3. 客戶情緒的應急處理

當客戶有情緒，說「那算了吧」之後，你可以透過安撫客戶的情緒嘗試挽回客戶，這樣說：

「實在是不好意思，可能是我沒說清楚，讓您誤會了。

我之所以想問您公司的情況，其實是這樣的，雖然我們的課程口碑一直很好，但是因為每家公司的發展階段不一樣，老闆想要達到的目標不一樣，每個客戶對課程的要求是不盡相同的。萬一您帶著您的問題來，卻沒有得到您想要的解決方案，浪費錢不說，更浪費了時間。所以我才想了解一下您的具體情況，幫助您從大方向上做個判斷。只是我說話太急，讓您誤會了，實在抱歉。

您看這樣可以嗎？如果您還有興趣、時間也方便的話，我們可否通個電話，簡單交流 30 分鐘？如果交流之後，您覺得合適，當然很好，如果您覺得不合適也沒有關係，我會充分尊重您的決定，不會浪費您的時間，您看行嗎？」

安撫客戶情緒之後，順勢爭取一個深入溝通的機會，這樣溝通流程就理順了。

03 化敵為友：
如何讓不速之客從對立變成合作夥伴？

案例描述：

我是做軟體銷售的。有一次，我約了客戶見面。我到了他公司之後，他正在跟兩個朋友談事情，我就在門外等他。在我等待期間，又有他的一個朋友來找他。

等他們聊了一會兒後，客戶才想起我，就趕緊招呼我進去。進去之後，之前的兩個朋友沒走，剛來的這個朋友也在，客戶就開始問我關於產品的事。我一下子需要面對四個人，其中三位還是陌生人，真的有點不知所措。於是，客戶問什麼，我就答什麼。在說的過程中，客戶還沒表態呢，其他三個人就時不時地發表他們的看法。尤其是那位剛來的朋友，似乎特別想表現自己很專業、很懂，發表看法時長篇大論，而且還好幾次否定、質疑我的產品。我當時真的覺得特別委屈，跟他理論不是，不理論又不是，最後匆匆結束了那次會談。

我想知道，如果以後再遇到這種情況，我應該怎麼處理？

案例分析：

這個案例的核心問題在於，如何排除溝通中的風險隱患。

具體可以從以下幾方面展開思考。

1. 時間：溝通時間要不要改？

本來是一對一溝通，現在變成一對多溝通，而且對方身分不明、立場不明，會影響溝通效果嗎？可否跟客戶商量改期？如果客戶不同意改期怎麼辦？

2. 主題：溝通主題要不要調整？

本來是一次完整的銷售面談，現在還能順利進行嗎？另外三人會不會插話、會不會改變談話的走向？會不會沒辦法平等互動、溝通，而直接變成了他問我答的被動應對？

3. 人：不相關人的風險如何降低？

是否可以找個理由，讓這三人自動離開？是否可以想個辦法，了解一下這三人的大致身分？是否可以盡量化解這三人的敵意？如果三人發表了不利於自己的言論，如何應對？

以上這些，都是排除風險隱患時需要考慮的問題。如果你能夠在面對突發事件時形成這樣的解題思路，相信你會獲得越來越強的掌控感。

行動建議：

1. 溝通前期的風險排除

（1）當你看到溝通環境不太利於自己，想跟客戶另約時間時，你可以這樣說：

「張總，我看您今天還有一些朋友在，我也怕耽誤你們談事情，所以您看，我們是今天談，還是另外再約個時間？」

這樣的說法，可以提醒客戶評估一下，今天談這個問題是否合適。如果他也覺得不合適，那正好可以另外約一個時間。而且，因為有了這

次的經驗，客戶下次一定會更認真地對待你們的會面。但是如果他依然堅持今天談，你就進入下一步。

(2) 禮貌提醒這三人的去留，你可以這樣說：

「張總，我記得我們上次約定的溝通時間大概是 1 個小時，我擔心我們在這溝通，讓您的朋友陪著我們這麼長時間，會不會不太好？」

這樣就引出了朋友的去留問題，到底是讓朋友離開還是留下，客戶就會有安排，或者那三人自己也有想法。如果離開，當然最好。如果留下，你就進入下一步。

(3) 主動介紹自己，引出三人身分，你可以這樣說：

「張總，今天能有幸認識您的朋友，我也非常開心。我先自我介紹一下，我是 ×× 公司的 ××，很高興認識大家。

張總，不知道您是否方便引薦一下您的朋友？」

這樣，客戶可能就會簡單介紹一下三位朋友的身分。有了這個介紹，大家的關係自然會拉近一些，接下來的交流也會順利很多。

2. 正式溝通的主題約定

以上步驟完成後，你可以主動引出溝通的主題，這樣說：

「張總，我先澄清一下，其實我今天來，絕對不是來賣東西的，這一點我要特別宣告。因為現在，我對您面臨的具體情況還一無所知，我甚至都不知道我們是否有能力解決您的問題。

所以，我今天來的目的很簡單，就是了解一下您的情況和基本訴求，我先做個記錄和整理。如果我發現，我們是有能力幫助您解決問題的，那我下次會帶著初步的方案過來跟您正式溝通。但是如果我發現，我們解決不了您的問題，我也會非常坦誠地告知您，絕對不會浪費您的

時間,您看行嗎?」

如果客戶同意,就意味著你成功避免了在這樣的場合直接談論自己的產品而被當成靶子的風險,反而把焦點悄悄轉移到了客戶的身上。

但是如果客戶說,你還是先介紹一下你們的產品吧,你也可以說:

「張總,我理解您的想法,介紹產品完全沒有問題。

只是,根據我多年服務客戶的經驗,我發現,由於每個客戶的具體情況不同,他們的關注點往往是不一樣的。我擔心,如果我因為不了解您的實際情況而盲目介紹一大堆,不一定是您感興趣的,反倒浪費了您的時間。

要不然您看這樣可以嗎?您可以先大致說說您這邊的具體情況,我再針對性地為您介紹一下我們的產品方案,然後由您來判斷一下,這款產品對您而言合不合適。

如果您覺得合適,當然最好,如果您覺得不合適,您也可以直接告訴我,我會充分尊重您的決定,並且主動退出與您的合作,您看行嗎?」

這樣,大概就會有一個相對順暢的溝通了。

3. 溝通中的化敵為友

如果其餘三人發表的意見對你不利,你可以這樣說:

「看來您還蠻專業的,您說的這一點,我還真是沒想到,不愧是張總的朋友,見識果然厲害。

那您看,對於張總提的那個問題,站在您的角度,怎麼解決會比較好呢?我也真是黔驢技窮了,可不可以請您提供一點思路?」

這裡的重點是,無論他說什麼,一定要表達讚賞的態度,千萬不要否定,同時引導他進一步發言。因為有的人其實只是表面功夫,往深裡

說就露餡了。如果他確實能說出個所以然，你就把他說的巧妙關聯到你自己的產品上即可。即便不能直接關聯上，你也可以表現出，是經由他的啟發，你發現了新思路。意思就是，讓他覺得，你是很認同他的立場的、你跟他是同一戰線的，慢慢地，他的態度就會扭轉。但是如果他說不出個所以然，那他大概也知道自己的水準了，接下來自然也就不會再輕易針對你了。

04　價格底線：
　　成交了百萬級訂單，我為何還不滿意？

案例描述：

我是做港口工程的，項目單價在幾百萬到上千萬元不等。有一天，我接到了一個客戶的諮詢。客戶傳給我們細節圖紙，我們研究圖紙之後，提交了基本的方案和報價。

客戶收到之後回覆說，其中有兩項價格太高，讓我們降價，並且把目標價發了過來。我們在核算成本之後，把那兩項的價格降了一些，當然並沒有降到他的目標價。

之後客戶又臨時加了兩項內容，讓我們一起報價。我們把報價傳過去之後，客戶回覆說，對比其他家，我們的價格還是太高了，要求我們再次降價，並且把他的目標價再次傳了過來。

因為很想爭取這個訂單，我們一咬牙，就貼著成本報價給他。

結果，客戶又找到了新的理由要求我們第三次降價。

我們第二次的報價已經貼著成本價了，再降就沒什麼利潤空間了。因此，這次，我表明了自己的態度：「這是我們可以接受的最低價格，如

果不行就終止交易。」

結果，客戶很快回覆了我，說還是願意選擇我們。在之後的溝通中，我偶然知道了競爭對手給他們的報價，居然比我們第一次降價之後的價格還高。也就是說，其實我們第一次降價之後，價格方面就很有優勢了，根本不用降到接近成本價。現在，訂單是成交了，但是這單就像雞肋一樣，有點食之無味、棄之可惜的感覺。

案例分析：

這個案例中，為什麼價格談判會這麼被動？主要原因有如下兩點。

1. 沒有滲透自己的競爭優勢

這個案例的全過程都在做價格談判，幾乎沒有對方案做過什麼實質性的探討。或許你會認為，客戶沒探討方案，說明客戶不僅看懂了方案，也認可方案。

但是，這並不代表客戶真的知道，你的方案好在哪裡、你的方案比競爭對手優秀在哪裡。如果這一點不明確，你拿什麼跟別人談條件？價格談判，比的就是籌碼。你手中根本沒有籌碼，別人壓價的時候，你連堅持一下的勇氣都沒有。

所以，無論客戶有沒有主動問方案，都要在正式的價格談判之前，先問客戶對於方案的看法和滿意度。你從客戶的回應中就大概可以知道，哪些點選中了客戶，哪些沒有，哪些點是客戶看重的，哪些不是。當然，客戶也有可能為了在之後的價格談判中占據優勢，而故意挑剔你的方案。但是真假資訊、真假態度，只要你勇於去測試，是很容易辨識的。

說白了，價格談判的主戰場，根本不在於價格本身，而在於需求的匹配、痛點的挖掘以及自身優勢的滲透。

2. 無底線的降價讓對方得寸進尺

即便要降價，降價策略也不能是一而再、再而三地退讓。你以為退讓會換來客戶的感激，但是實際情況卻是，退讓一次客戶會感激，退讓兩次客戶會覺得正常，退讓多次反倒會讓客戶懷疑，你的價格水分太大，壓一壓、逼一逼肯定還可以更低。

這個案例就很明顯，嘗到兩次甜頭的客戶繼續著自己的壓價行為，但是卻在銷售人員表達出底線態度時迅速停止了壓價，達成交易。為什麼？因為他也知道自己占到便宜了，而且感覺到這應該是底價了，可以收手了。不難看出，如果銷售人員在降價一次後就亮出底線態度，或許就能以更高的價格成交了。而現在，白白損失那麼多真金白銀，實在是可惜。

行動建議：

1. 明確客戶對產品的滿意度

當客戶看完方案，要求降價時，你可以說：「我完全理解，合作追求的是雙贏，在價格方面，我們還是可以讓一讓的。

只是，我有點好奇，您對方案的具體內容似乎並沒有提出什麼實質性的修改意見，是對我們的方案已經非常滿意了呢，還是恰恰相反，有很多不太滿意的地方，只是基於某種原因，沒有直接說出來？說實話，在知道您的態度之前，我心裡是比較忐忑的。」

接下來客戶的回應就會分流，A 代表積極態度，B 代表消極態度。

A（積極態度）

客戶：「其實你們的方案裡還是有很多地方我們是比較滿意的。」

銷售人員：「是嗎？我知道你們是很專業的，能讓你們滿意實在是太

不容易了。那不知道是哪些地方讓您覺得還不錯呢？」

客戶：「主要是以下幾點……」

銷售人員：「您說的前兩點我能理解，第三點我還真是沒想到，因為很少有客戶會主動提到這一點。不知道您會特別關注這一點，是出於怎樣的一種考量呢？」

這樣，你就可以知道客戶的滿意之處，也就擁有了價格談判的籌碼。

B（消極態度）

客戶：「你們的方案裡確實有一些地方我們覺得不太合適。」

銷售人員：「不好意思，讓您見笑了。不知道是哪些地方讓您覺得不太合適呢？我們也好看看如何改進比較好。」

客戶：「主要是以下幾點……」

銷售人員：「我都記下來了，感謝您的寶貴建議。只是，張總，其實我也有點好奇，我們有這麼多不足，您卻沒有直接放棄我們，反而願意提出誠懇的建議幫助我們改進、完善，這確實讓我有點受寵若驚。您之所以願意這樣做，到底是因為什麼呢？」

這樣，客戶就會自然而然告訴你，你們的方案裡他認可的那些方面。說白了，如果客戶真的那麼不滿意，他早就走人了，又怎麼可能跟你們有後續的價格談判呢？所以，當你能夠問出他對產品的滿意之處時，相當於在客戶心裡再次確認了這些優點，那麼之後壓價的時候，他可能就不會那麼狠了。

2. 降價前跟客戶達成強而有力的事先約定，只降一次

如果真要降價，客戶給出的目標價也剛好在你們的底線附近時，你就可以跟客戶達成如下的事先約定：

模組三　案例篇

「感謝您對我們的認可。

但是價格確實不是我個人可以決定的，我需要向上司去申請，最終能申請到多少，我真的不敢保證。但是我絕對會全力以赴去爭取，畢竟我也非常希望能夠做成您這一單。

只是，可否請您幫我一個小忙，就是等我申請下來，無論價格是多少，您都給我一個明確的答覆，可以是決定合作，也可以是決定不合作，但是不要是『考慮考慮』這種比較含糊的回答，或者再次讓我去申請，因為這的確不太可能。不知道您同意給我一個明確的答覆嗎？」

這樣，就把降價的行為限制為有且僅有一次的行為，你輕鬆，客戶也輕鬆。

但是如果客戶給出的目標價跟你們的價格差距太大，你也可以測試客戶：

「張總，我想確認一下，這真的是你們最終的目標價嗎？

如果是這樣的話，我感覺跟我們的產品價格，幾乎沒有交集啊。我不知道，這是否意味著，我們之間的合作可能性，其實已經不大了呢？」

這樣就可以探測出客戶的真正態度，迫使他給出更有誠意的目標價。

05　多人決策：誰才是孩子報鋼琴班的最終決策人？

案例描述：

我是做幼兒鋼琴培訓的。在銷售的過程中，我經常碰到一個問題，即跟孩子的媽媽談得挺好的，但是結束的時候，孩子的媽媽總會說：「要回去跟孩子的爸爸商量一下。」商量回來後卻說：「孩子的爸爸不同意。」等孩子的爸爸搞定了，可能又會出現孩子不同意的情況。一件事，來來

回回反覆溝通。有沒有什麼辦法可以提高銷售人員對這件事情的掌控度、讓溝通盡量一步到位呢？

案例分析：

這個案例的關鍵在於，弄清楚決策者到底是誰：

是一人決策，還是夫妻共同決策，還是三人共同決策？

如果是一人決策就很簡單了，當面溝通就能搞定。如果是夫妻共同決策，就需要獲得夫妻雙方的認可。但是如果是父母和孩子三人決策（孩子年齡大一些），通常就會有一個主次之分——要麼父母同意了，孩子不反對就行；要麼孩子同意了，父母不反對就行。如果能見到孩子，這一點也可以從父母和孩子相處的模式以及孩子的順從度上做出判斷。

這裡需要提示一下，最好能夠跟主要決策人直接溝通，不要指望由接洽人直接搞定其他的決策人。比如夫妻共同決策，最好能夠見到夫妻雙方，孩子主要決策，也最好能夠見到孩子。這樣做，不僅可以大大提高成交的機率，即便成交不了，也可以探測出問題到底出在哪裡，而不是被蒙在鼓裡。只有在約不到人的情況下，再退而求其次，約定回饋的時間。

另外，這個案例雖然說的是幼兒鋼琴培訓，但是處理思路適用於一切「付款者和使用者不是同一人」的情況。比如父母為孩子報讀各種培訓班、父母為孩子買保險、孩子為父母買健身器材，等等。

行動建議：

層層過濾，明確真正的決策者。

比如，跟孩子的媽媽談得差不多了，你就可以先探測一下孩子媽媽的態度：

模組三　案例篇

「小明媽媽，如果我沒理解錯的話，既然我們能夠聊到現在，說明您應該還是傾向於支持讓您家小明報讀培訓班的吧？」

如果孩子的媽媽態度含糊，說明你前面的挖掘痛點沒做到位，你需要重新回到挖掘痛點環節，而不是貿然進入決策環節。但是如果孩子媽媽的態度是支持的，你就可以進一步探測決策資訊：

「感謝您的支持。小明媽媽，根據我服務客戶的經驗，通常為孩子報讀培訓班這樣的事情，有的家庭是父母替孩子做主，因為孩子基本上都聽父母的。但是有的家庭不一樣，需要重點考慮孩子的想法，因為孩子比較有主見。不知道你們家大概是一個怎樣的情況呢？」

在這裡，客戶可能有兩種回應，一種是「我們家孩子本身就喜歡鋼琴，他也很聽我們的話」。另一種是「我們家挺開明的，我確實需要回去跟孩子商量一下」。

第一種：父母做主。

如果是父母做主，那就意味著，不需要考慮孩子的意見，搞定父母就行。你可以這樣說：

「難怪人家都說，喜歡音樂的孩子通常性格都非常好，您真的很有福氣。

小明媽媽，我猜想，您是不是也需要跟孩子爸爸商量之後，才會做出最終決定？

那根據您對孩子爸爸的了解，您覺得孩子爸爸會是一個怎樣的態度呢？他會不會不太支持孩子學鋼琴啊？」

如果客戶很肯定地說：「孩子的事情都是我管，他基本上都支持。」那說明暫時不需要跟孩子的爸爸溝通。

但是如果客戶態度有點含糊，或者直接說：「我確實需要跟孩子的爸爸商量一下。」

你就可以說：

「完全理解。我跟很多孩子的父母打過交道。我發現，雖然父母都是為了孩子好，但是因為各自的關注點不同，可能會有一些分歧，雙方通常沒有辦法說服彼此。

您看這樣可以嗎？可否幫忙引薦您的先生，我們三人一起做個交流？如果他詢問到一些專業方面的問題，我也好做個解答。

不過您放心，這次的交流，絕對不是為了說服他，只是發揮交換資訊的作用。即便交流結束，你們倆決定不為孩子報名，也沒有任何關係，我會充分尊重你們的決定，絕不會浪費你們的時間。您看行嗎？」

這樣，就可以爭取到一個跟孩子的爸爸直接溝通的機會。

當然，如果客戶覺得不方便，也沒問題，畢竟每個家庭的情況不一樣，那麼你跟客戶約一個回饋的時間即可。

第二種：孩子做主。

如果是孩子做主，那就意味著，孩子的決策權挺大的，需要專門搞定孩子，你可以這樣說：

「看來你們家的家庭氛圍真的很好呢，令人羨慕。

小明媽媽，那根據您對小明的了解，您猜想孩子對報讀培訓班這件事會是一個怎樣的態度呢？會不會是您作為媽媽很想讓他學，其實他自己興趣並不大呢？」

如果客戶很肯定地說：「他其實挺喜歡的，只是我需要跟他正式溝通一下，避免他學琴虎頭蛇尾、半途而廢。」這說明孩子的態度基本沒問題。

但是如果客戶說：「其實我本人是很希望他能學鋼琴的，但是孩子好像興趣不大。」這說明，孩子可能會不同意，你就可以這樣說：

「小明媽媽，我跟很多孩子打過交道，說實話，這個年齡層的孩子，都挺叛逆的。有的時候，不是因為自己不喜歡，而是只要是由父母提出來的，不管什麼事，他們都傾向於反對。

您看這樣可以嗎？乾脆，您帶孩子來與我們做個簡單的交流。我們也實際看看孩子是否感興趣。如果他的確興趣不大，根據我們的經驗，您強求也是沒有用的，那我們就尊重他。您看可以嗎？」

這樣，就可以爭取到一個跟孩子直接溝通的機會。當然，也有可能爭取不到，那麼同樣地，跟客戶約一個回饋的時間就好。做銷售，只需儘自己所能做到百分之百，其他的，不必強求。

參考書目

[1] 芭芭拉・明托（Barbara Minto），《金字塔原理》（*The Minto Pyramid Principle*），汪洱、高愉譯，海口：南海出版社，2019 年

[2] 威廉・莫爾頓・馬斯頓（William Moulton Marston），《常人之情緒》（*Emotions of Normal People*），李海峰、肖琦、郭強譯，北京：電子工業出版社，2018 年

[3] 科林・斯坦利（Colleen Stanley），《銷售就是要玩轉情商》（*Have High EQ in Work*），佘卓桓譯，武漢：武漢出版社，2015 年

[4] 瑪麗蓮・阿特金森（Marilyn Atkinson）、蕾・切爾斯（Rae Chois），《喚醒沉睡的天才：教練的藝術與科學：教練的內在動力》（*Art and science of coaching: inner dynamic*），王岑卉譯，北京：華夏出版社，2019 年

[5] 李中瑩，《重塑心靈》，杭州：浙江教育出版社，2022 年

[6] 黃榮華、梁立邦，《人本教練模式》，北京：北京聯合出版有限公司，2017 年

参考書目

後記

你站著賺錢的樣子，很美

相信看完本書的你，對本書的主題「反向成交」已經有更深層次的領悟了吧？

這裡的反，反的是你的人性，順的卻是客戶的人性。

如果你總是習慣於站在自己的角度考慮問題，那麼這套方法，要求你站在客戶的角度考慮問題；

如果你總是習慣於渲染自己產品的優勢利益，那麼這套方法，要求你聚焦客戶的難點和痛點；

如果你總是習慣於否定和反駁客戶的想法，那麼這套方法，要求你肯定和認同客戶的想法；

如果你總是習慣於催促客戶盡快下單，那麼這套方法，要求你關注客戶拖延和顧慮的真正原因。

而當你最終掌握了這套方法，你會慨嘆，銷售原本就應該是這個樣子的，為什麼當初卻弄反了呢？

反向用力，表面上是一種克敵致勝的技巧，實際上卻是一種求真務實的精神。它的每一招、每一式都在為甄別對的客戶做努力。當人對了，成交就不只是你的目標，它也成了客戶的目標。這樣的雙向奔赴，為銷售人員贏回了面子 —— 利益，也贏回了裡子 —— 尊嚴。

一句話，讓你站著賺錢。

後記

　　當你真正掌握這套銷售邏輯後，你會發現，你的人際溝通能力也在潛移默化中提高了。因為，當你想要說服你的伴侶、你的孩子去做某事時，本質上就是在銷售一個想法；當你想要說服你的下屬、你的團隊去做某事時，本質上就是在銷售一個決定；當你想要說服你的上司、你的老闆去做某事時，本質上就是在銷售一個建議。每當遇到這類事件，這套銷售邏輯完美適配。當然不需要全套使用，根據情景和對象，選取其中的一招或幾招即可。

　　說到底，這就是一套溝通的藝術，跟產品無關，只跟人有關。

　　最後，要特別感謝編輯黃傲寒女士，正是在她的耐心引導和建議下，本書從框架到內容都得到了很大的改善，增強了趣味性和可讀性。同時更要感謝無數信任我的學員們，正是他們在課堂上與我的不斷互動，才讓本書的內容得到了不斷地豐富和驗證，也才有了如今呈現給各位的此書。

尹淑瓊

不推銷，更多成交！從精準開場到無悔簽單：

挖掘客戶的深層渴望，摒棄高壓銷售套路，用溫度與誠意開啟成交的新紀元！

作　　　者：	尹淑瓊
發 行 人：	黃振庭
出 版 者：	沐燁文化事業有限公司
發 行 者：	崧燁文化事業有限公司
E－m a i l：	sonbookservice@gmail.com
粉 絲 頁：	https://www.facebook.com/sonbookss/
網　　　址：	https://sonbook.net/
地　　　址：	台北市中正區重慶南路一段61號8樓 8F., No.61, Sec. 1, Chongqing S. Rd., Zhongzheng Dist., Taipei City 100, Taiwan
電　　　話：	(02)2370-3310
傳　　　真：	(02)2388-1990
印　　　刷：	京峯數位服務有限公司
律師顧問：	廣華律師事務所 張珮琦律師

-版權聲明

本書版權為中國經濟出版社所有授權沐燁文化事業有限公司獨家發行電子書及繁體書繁體字版。若有其他相關權利及授權需求請與本公司聯繫。

未經書面許可，不可複製、發行。

定　　　價：450元
發行日期：2025年02月第一版
◎本書以POD印製

國家圖書館出版品預行編目資料

不推銷，更多成交！從精準開場到無悔簽單：挖掘客戶的深層渴望，摒棄高壓銷售套路，用溫度與誠意開啟成交的新紀元！/ 尹淑瓊 著. -- 第一版 . -- 臺北市：沐燁文化事業有限公司 , 2025.02
面； 公分
POD版
ISBN 978-626-7628-41-6(平裝)
1.CST: 行銷學 2.CST: 行銷策略 3.CST: 行銷管理
496　　　　　114000475

電子書購買

爽讀APP　　　臉書